SMART FACTORY

무병장수를 통한 가치혁신 방법론

정구철

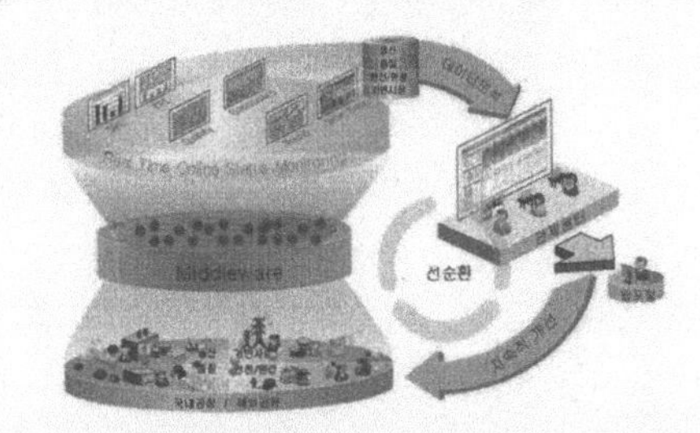

감사하는 마음으로
__________________ 이 책을 바친다.

나의 모든 스승에게 감사드린다.

이 책은 지난 30년간 국내외 콘퍼런스와 제조업 현장에서
직접 보고 배우고 가슴 깊이 느꼈던 결과물이다.

현장 엔지니어의 고뇌와 진심어린 목소리가 없었다면
이 책은 나오지 못했을 것이다.

세계 각 분야 전문가인 C3(Creative Culture Community)
멤버들의 혜안과 해결책이
이 책의 방향을 잡는데 큰 역할을 하였으며
박현석님의 충고에 특히 감사드린다.

아울러 이 책을 통해 설비관리 無病長壽의 방향과 열정이
샘솟기를 기대해 본다.

모든 분이 행복하길 기원합니다.

머리말

2011년 일본 쓰나미 사태에 인한 원자력발전소의 방사능 공포와 2010년 멕시코만 석유시추선 침몰에 의한 원유 누출로 최악의 환경 재앙 등 제조업 설비와 연관된 손해와 위험이 온 지구를 덮치고 있다.

혁신은 창조성(Creativity)을 필요로 하지만 지속적이지 못하고 헌신(Commitment)은 숭고하지만 갑갑하다. 진정한 혁신은 창조성을 지속화하여 헌신적 분위기를 이끌어내는 것이 최고경영자의 책임이다. 설비관리 문제가 제조업의 생존과 맞물려 최고경영자들에게 크게 두드러지고는 있으나 본인이 병이 들면 치료에 전념하지만 완치 후에는 언제 병으로 말미암아 고통이 있었는지 망각하는 것 같은 현상이 이어지는 것을 보면 결국, 인간의 모습과 같다.

이 책은 제조업 설비관련 최고경영자의 고민을 해결할 수 있는 대안을 미력하나마 제시하였다. 자전거를 타는 최고경영자가 앞바퀴로 설비관리 전략을 인식하고 방향을 잡으며, 뒷바퀴에 끊임없이 발을 움직여 앞으로 나아가는 프로세스 혁신 측면에서 대안을 제시하고자 하였다.

기업은 전략과 프로세스 두 바퀴에 의해 힘껏 페달을 밟아 쓰러지지 않고 원하는 방향을 향하여 앞으로 나가는 것이기 때문이다. 경영자뿐만 아니라, 관리자, 엔지니어 그리고 타 분야 전공자들까지도 쉽게 이해하도록 인체와 비교하

여 문제점과 대안을 쉽게 설명하도록 노력하였다. 그동안 공식 석상에서 발표하였던 (사)대한설비관리학회 이사 자격으로 중립적 입장에서 설명한 글로벌 설비관리에 대한 방향과 흐름 자료에 대해 일반 독자들도 쉽게 이해할 수 있도록 시도하였다.

암환자가 발병 후 왜 재수 없이 내가 암에 걸려 이 고통을 당하나 하는 부정적 인식을 바꿔 "그동안 내가 너무 너에게 무심하여 네가 단단히 화가 났구나. 이제부터는 관심을 가질 테니 같이 잘해 보자!"라고 암세포와 적극적 소통을 시도하며 암을 극복하는 투병기를 보면서 인간의 소통이 암세포도 적용되는데 현장 엔지니어의 자기 설비가 고장으로 해결하지 않을 때 내면에서 진정한 소통으로 인해 불치의 고장이 고쳐지는 사례와 다르지 않아 사람과 설비와의 소통이 제대로 된다면 적은 비용으로 큰 수익을 창출할 수 있다고 확신하였다.

소통은 iPhone으로 촉발된 스마트폰의 핵심 용어이다. 수많은 분야 중 상하좌우, 전후 소통이 원활히 되는 제조업 공장을 염두에 두고 '스마트팩토리(SMART FACTORY)'라고 제목을 정하였다. 너무 추상적일 것 같아 무병장수를 통해 단순한 이익뿐만 아니라 리스크, 품질, 생산성 등 가치를 창출하고자 하는 목적과 과정을 부제로 정하였다.

패트릭 라일리가 저술한 한 페이지 제안서(The One Page Proposal)에서 강조한 것처럼 '한 페이지로 또한 한 단어로 압축하여 표현할 수 없으면 모르는 것이니 시도하지 않는 게 낫다.'라는 의견에 따라 설비관리의 바람직한 대안을 찾다 보니 因果를 핵심으로 한 후, 고장이라는 결과(果)가 나오지 않도록 하는 조건(Condition)이 고장 원인(因)에 결합하지 않는 관점으로 저술하였다.

무병장수 해결책은 단순하다. 경영 대가 피터 드러커의 '측정 없이 개선 없다.' 스티븐 코비박사의 '처방전에 진단하라' 현장개선 전문가인 조영환님의 '우문현답(우리의 문제는 현장이 답이다)'을 체계적으로 시스템화하면 가능하다.

원인(Cause)+조건(Condition) ⇒결과(Effect)라는 因果 법칙에서 사람과 설비 관점을 보도록 노력하였다. 흡연, 스트레스, 과도한 음주 등으로 병이 날 수밖에 없는 조건을 미리 제거하므로써 병이라는 결과가 나오지 않도록 하는 것과 마찬가지이다.

9988234(99세까지 88하게 살다가 2~3일 아프고 4망한다) 혹은 '50 청춘, 70 중년, 90 노년'의 특징 있는 현실에서 설비관리와 관련된 엔지니어들은 죽는 날까지, 소진되어 불안한 연금이 아닌 자기의 경험과 지식을 근거로 일한 대가의 근로소득으로 살아가는 즉 일을 통한 평생 직업인으로서 환상적인 행복한 생활이 되기를 기대해 본다.

남이 가지 않는 길을 '기술독립군'처럼 개척해온 저자로 인해 온갖 고초를 겪고 있는 아내 방정애에게 이 책을 바친다.

2011년 7월 울산 성안동에서

차 례

Chapter 1

제조업 설비와 가치 창출

1.1 만법귀일

萬法一法, 萬法歸一이라는 말이 있다. 학창 시절에 헌법, 민법, 형법, 상법 등을 공부하며 수많은 '실정법'이 하나로 모인다는 말을 이해치 못하였다. 지금에 와서야 법을 '자연법'인 '진리'로 바꾸어 생각하니 쉽게 이해되었다.

수입 자본재가 대부분인 제조업 설비는 '고장'이라는 문제에 항상 직면하게 된다. 인간도 항상 각종 암 등 병과 밀접하게 관련되어 "건강하십시오"가 일상의 인사가 되지 않았는가. 제조업 설비나, 인간에게 공통 목표가 무병장수로 동일하다는 전제에서 책을 쓰게 되었다.

지난 20년간 미국과 유럽 등에서 개최된 생산과 정비(Maintenance)콘퍼런스에서 수집한 많은 자료가 있었다. 각자 자기 기술만 주장하는 발표한 자료들 속에 일관된 흐름은 무엇일까에 대한 고민을 하였다. 병원의 목표가 인간의 건강-무병장수와 동일하다는 하나의 자연법칙적인 '진리'를 깨닫고 보니, 그동안 수집한 자료가 일목요연하게 정리되었다.

한국의 핵심역량인 제조업이 위기에 봉착해 있다고 한다. 미국이나 영국처럼 제조업을 포기한 대가가 세계적 금융위기에서 얼마나 허약한지 여실히 보여주고 있다. 한국 제조업을 살릴 해답은 무엇일까? 그것은 제조 원천기술이 미약한 현실에서, 생산 공정기술이 기본인 무병장수한 설비로 만드는 것이 유일무이한 답이다. 설비 고장으로 말미암아 안전사고 발생, 품질 불량, 에너지 과소비, 비용 증대는 제조업의 경쟁약화로 이어지는 악순환 상황이 되고 있다. 설비 고장과 관련한 제조업 현실(As-Is), 근본 원인(Root Cause), 앞으로 바람직한 모습(To-Be) 그리고 무병장수를 위한 구체적 방법론으로 구성되어 있다.

옛 어른들은 번개가 치거나 비가 많이 오는 날, 또는 보름달에서는 부부가 합방

하지 않도록 가르쳤다. 이는 장애아 때문에 부모가 평생 고생하지 않기 바라는 예방차원에서였다. 설비도 이와 마찬가지이다. 설계 구매 건설(EPC - Engineering, Procurement & Construction)에서의 문제점은 설비 가동 후 운전과 정비(O&M-Operation & Maintenance) 과정에서 많은 고장과 비용 증대로 이어진다. 이를 설비자산 평생 관리(Physical Asset Lifecycle Management) 혹은 평생 비용(Lifecycle Cost)이라고 말하고 있다.

한국 제조업이 국내 공장에서 단순한 생산과 정비를 하던 행태에서, 해외 공장을 짓고 관리하는 엔지니어링사업으로 변화하고 있다. 무병장수한 설비를 처음 설계부터 만들어 폐기까지 관리한다면 세계적 경쟁력을 갖춘 고부가가치가 될 수 있다. 이를 위해 많은 세계적인 회사가 노력하고 있으며 한국은 IT 융합 측면에서 상호운용성(Interoperability) 개념 도입을 통해 실현 가능하다.

MIMOSA(www.mimosa.org) 같은 비영리 공인 기관이 세계적으로 매출 10대 기업의 대부분을 차지하는 제조업인 석유메이저들과 협업하여 준비하고 있는 상호운용성 개념이 Collaborative Asset Lifecycle Management(CALM)이다. 협업(Collaborative)과 평생(Lifecycle)을 화두로 노르웨이 석유메이저인 Statoil이 선두적인 역할을 하고 있다. IBM과 5년에 걸친 장기계약으로 IIF(Integrated Information Framework)를 2011년 4월에 시범 개발하고 장기적으로 설계에서 폐기까지 평생 설비관리를 시도하고 있다.

설비의 평생관리는 석유화학산업에만 적용되지 않고 제조업 등 모든 산업에 적용 가능하다. 즉 제철, 제지, 반도체, 전자, 자동차나 부품, 원자력 및 화력발전, 중공업 및 조선, 시멘트 등의 제조업은 지금껏 한국 성장 견인차였으며, 위기에 처한 한국 제조업이 앞으로 한 단계 발전할 가능성을 제시하고 있다.

2010년 초 멕시코만에서 발생한 글로벌 석유메이저인 BP(British Petroleum)의 석유시추선의 고장으로 말미암은 침몰은 인류 역사상 최악의 환경오염과 매출 손실, 환경 보전을 위한 거액 예치금으로 인한 재무상태 악화, 브랜드 가치 손실로 이어지는 추락을 경험하였다. 세계적 매출 4위의 기업 BP가 기업 매수의 대상으로 전락한 것은 설비 고장이 단초가 되었다. 그러므로 한국의 최고 수준 제조업이라 할지라도 BP 사태를 타산지석으로 삼아야 할 것이다.

애플의 iPhone이 촉발한 스마트폰의 핵심 키워드는 한 마디로 사람과 사람 사이의 원활한 '소통'이다. 현재까지 드러난 스마트의 특징을 다음과 같이 정리해 보았다.

- 기본시스템, 성능 애플리케이션 결합과 융합을 통해 사용자의 가치를 고양한다.
- 기존 기능과 성능 제약 조건이 포함된 제품 사양을 뛰어넘는 가치를 추구한다.
- 단순한 기술적 제품이 아니라 기술과 문화와 인문학이 결합한 엔지니어링 제품을 지칭한다.
- 미래의 스마트는 과거 학습 능력 경험보다는 창조적/혁신적/사회적/감성적 미래 측면의 새로운 가치 창출 개념이다.
- '기술은 누구를 위해 존재하는가?' 혹은 '진정 좋은 기술은 무엇인가?'라는 의문에서 시작하여 기술에서 사람으로 패러다임의 변화 촉진 개념이다.
- 가상의 경험이 실제 경험과 동등한 수준으로 발전하는 것이 기술 목표이다.
- 더욱 빠르게, 더욱 싸게, 더욱 좋게(Faster, Cheaper, Better)목표를 추구한다.
- 앞으로는 특정한 지식 없이도 일반적인 상식으로 쓸 수 있는 용어이다.

이러한 스마트 개념의 다양한 특징 중에서 공통으로 나타나는 개념이 가치, 사람, 지식, 창조성, 패러다임이므로 스마트를 제조업 공장설비와 융합한 Smart Factory를 본서의 주제로 하고 무병장수를 통한 가치혁신 방법론을 부제로 하여 실제적인 가치 창출에 대한 방법을 각종 사례와 더불어 제시하였다.

'Smart Factory'의 정의는 생산 현장에서 각종 설비에서 발생하는 다양한 데이터를 표준화하고 실시간 혹은 주기적으로, 자동 또는 사람에 의해 직접 수집하여 실시간 운영 현황을 알려주고 축적된 데이터 분석을 통해 개인의 암묵지를 회사의 형식지로 바꾸는 지식화의 과정을 거쳐 최적의 제조 환경을 위한 지속적 개선 사항을 현장에 반영하도록 스스로 진화하는 지능형 통합 관리체계를 갖춘 공장이다.

Smart Factory는 가치혁신을 위한 사람과 설비의 프로세스 선순환 체계 공장이라고 요약할 수 있다.

본 저서에서도 중점을 둘 내용은 제조업의 생존전략으로서 3P 즉, 사람(People)이 플랫폼(Platform)을 바탕으로 프로세스(Process)의 혁신을 통한 가치 창출의 방법론이다. Smart 개념은 제조업의 수명 관리에도 예외는 아니다. 제조업 설비에 적용하면 Machine과 Man과의 소통 문제이다. 즉 M2M 개념으로 Man to Man, Man to Machine, Machine to Machine이 상호 간 원활하게 움직이는 것이 Smart Factory 개념이다. Smart Factory는 Hardware, Software와 Humanware(인간과 관련한 교육, 훈련, 컨설팅 등)가 통합(Integration)되고 최적화(Optimization) 된 상태를 의미한다.

1.2 설비자산 관련된 가치 사슬(AoVC)

태양 수명은 100억 년, 현재 지구 나이는 46억 년, 인류가 침팬지로부터 분리된 것이 600만 년이며 안정적 생존을 위한 수렵생활에서 농경 생활로 정착한 것이 겨우 1만 년 전 일이다.

1차 산업-농경 생활에 이어 영국에서 증기기관 발명으로 산업혁명이 일어난 1760년이 제조업의 시작으로 2차 산업, 1990년대 이르러 정보기술(IT)산업에 이어 2000년에는 지식산업이 3차 산업으로 크게 발전하고 있다.

인류가 지구상에서 존재하는 한 제조업은 존속될 것이다. 제조업의 핵심인 생산 설비의 목표는 인간 자체의 목표와 동일하게 무병장수이다. 인간은 가치창출을 통해 생존을 끊임없이 추구할 것이다. 이런 의미에서 AoVC(Asset-oriented Value Chain)이라는 최근의 트렌드는 시의적절한 화두이다. 자산(Asset)은 여러 가지 종류가 있다. 인적자산(Human Asset), 금융자산(Financial Asset), 특허자산(Patent Asset), 토지자산(Real Estate Asset) 등으로 다양하나 여기에서의 Asset은 Physical Asset이라는 설비자산으로 한정 지어 설명하기로 한다.

설비자산은 크게 3가지로 구분되는데 지식경제부가 담당하는 제조업 설비자산, 국토해양부 담당의 철도, 도로, 빌딩 등의 인프라 설비자산, 국방부 담당의 함정, 전투기, 탱크 등 전투 설비자산으로 나누어지며 각 자산이 목표하는 무병장수는 같다. 여기서는 제조업의 설비자산으로 국한하지만 확장할 경우에는 동일하게 적용될 수 있다.

한국의 핵심역량은 제조업이다. 미국과 영국이 제조업을 거의 포기하고 고부가가치인 금융 산업에의 집중하여 실패한 사례를 우리는 금융위기를 통해 알게 되었다. 금융 산업도 밑바탕이 되는 제조업에 자금 공급을 통해 성장하는데 근본이 되는 제조업을 등한시하는 공동화가 되어 있으니 위기에 몰리는 것은 당연하다.

가치(Value)의 일반적인 정의는 사람, 사물, 아이디어, 원칙에 대해 부여하는 중요한 또는 우선순위를 의미한다. 제조업인 기업이 가장 중요시하는 우선순위는 생존이고 이를 달성하기 위해서는 위험도, 비용, 온실가스 등을 줄이고 품질을 높여 지속적 성과 창출을 해야만 한다. 이런 측면에서 설비관리의 역할은 글로벌 관점에서 복잡해진 제조업의 생존과 직결될 수밖에 없다.

2010년 3월 멕시코 만에서 석유메이저인 BP가 석유시추선 고장으로 말미암은 침몰은 원유 파이프라인의 파괴로 이어졌고 원유 누출로 환경오염은 인류 최대의 환경 재앙으로 나타나 매출 세계 4위인 BP는 환경오염 복구를 위해 270억 불의 예치금 지급, 매출 손실로 인한 회사의 재정 악화로 한때 인수합병이라는 벼랑 끝의 위기까지 몰렸었다.

2011년 3월 11일 일본의 쓰나미로 인한 동경전력의 원자력발전소 방사능 재해도 역시 설비 고장이 인재로 연결되어 주가가 80% 폭락하고 신용등급이 한꺼번에 5단계나 추락하는 등 원자력 신화를 창조하던 기업에서 일순간 악덕 기업화되고 이로 말미암아 전 세계가 방사능에 의한 피해로 전전긍긍하는 실정이다.

BP나 동경전력처럼 세계적으로 큰 회사라 할지라도 설비관리의 잘못으로 인한 폐해는 기업의 생존을 장담할 수 없는 것으로 냉혹한 세계적 현실이다. Chain의 의미는 설비자산과 관련한 여러 이해관계자(Stakeholder)가 사슬로 연결되었다는 의미이다. 종업원, 납품업체, 고객뿐만 아니라, 환경단체, 주주, 금융기관, 종업원 능력 향상을 위한 교육기관, 정부 등이 모두 사슬로 연결 고리화 돼 있다.

앞으로 한국이 선진국의 실패사례를 보면서 염두해야 할 점은 인류가 존재할 때까지 제조업을 핵심역량으로 하면서 고부가가치화를 통한 생존전략을 마련하는 것인데 이것은 두 가지 방법이 있다.

첫째는 창조성을 발휘하여 중국 등 후발국들의 추종을 허락하지 않도록 고부가가치화 하는 것이고 둘째는 서비스 산업과의 융합을 통해 2.5차 산업화하는 것이다. 이 모든 생존 전략 목표는 설비자산의 무병장수를 몸소 체험하여 지식과 경험의 고도화를 전제함으로써 가능하다.

인간 평균수명이 산업혁명이 일어난 영국에서 그 당시 탄광 광부의 32세에서 앞으로 100세를 지향하는 현재 시점에서 인간이 무병장수화 돼 왔던 과정과 전략을 그대로 적용한다면 큰 무리 없이 설비의 무병장수를 달성할 수 있다.

제조업이나 인간이나 자기 생존을 위해 먼 길을 가는 두 바퀴 자전거라고 전제한다면 자전거 주인은 최고경영자이며 앞바퀴는 전략이고 뒷바퀴는 과정 즉 프로세스이다. 바퀴가 고장 난 자전거를 끌고 가야 하는 최고경영자가 기업이 제대로 된 생존 전략과 프로세스 혁신을 하지 못하면 생존을 위협받기 때문에 혁신을 적극적으로 추진하는 이유가 여기에 있다.

근본적인 법칙 즉, 원칙은 태양계를 포함한 대우주, 인간이라는 소우주와 같이 설비에도 동일하게 적용되는 것이기 때문이다.

만법일법 입장에서 전 우주에 적용되는 보편타당성 '원칙'의 특징은 다음과 같다.

- 우주에 있어 시공을 초월하고 영원불변하다.
- 인간의 통제권 밖에 있으며 인간의 양해나 수용여부에 관계없이 작용된다.
- 원인을 미리 알면 예측 가능한 결과를 가져 온다
- 인간 행동의 원인과 결과를 지배하는 기본적인 법칙이다.

이를 불교에서는 '因果'라고 표현하였고, 성경 다음으로 많이 읽히는 영국출신 신비의 철학자이자 현자인 제임스 알렌의 역작인 '원인과 결과의 법칙'으로 귀결된다. 이를 설비자산의 무병장수에 적용하면 고장이라는 결과는 반드시 원인이 있어 이를 근본적으로 조치하면 절대 고장 나지 않는다(Root Cause Failure Analysis)

건강하게 장수하는 사람은 절주, 금연, 적당한 운동, 균형 잡힌 식사와 소식, 스트레스 없는 생활과 행동 등이 건강하게 살 수밖에 없는 원인 행위이다.

자연인인 사람이나 법인인 회사나 태어나서 죽을 때까지 끊임없이 의사결정을 통한 선택의 연속이다. 어떤 선택을 하는가에 따라 흥망성쇠가 결정되는 것이다. 자본 투자의 핵심인 설비 중심의 제조업은 생산품인 제품(Product)과 공장 설비(Plant) 그리고 프로세스(Process)에 의해 움직여지고 있다.

설비 최하단의 데이터가 모여져 이루어진 정보는 최고 경영자까지 상향으로 흐름을 갖고 이러한 정보 분석에 따라 최고경영층부터 관리자, 현장 엔지니어까지 정책결정에 따른 목표를 가지고 일사분란하게 경영 및 생산 활동이 전개해야 한다.

다음 도표에서 가장 중요한 것은 상황 분석을 통해 지속성을 확보해야 할 설비가 비계획적인 고장으로 인해 중단되지 않는다는 조건이 있으면 성립된다. 그렇지만 현실은 생각지 못한 잦은 설비고장으로 인해 모든 정보 분석과 정책 결정이 무용지물이 되고 최고경영자는 공장 설비의 잦은 고장에 따른 신뢰감 상실과 신 설비 투자에 집중적인 의사결정을 하여 재무적 부담을 가져오는 악순환을 계속하는 것이 대부분 제조업의 실정이다.

설비의 무병장수는 제조업 경영자의 희망이자 지속 성장의 기본이다. 대부분 무심코 하는 생활 습관으로 몸에 병이 걸리듯, 뜻하지 않은 순간에 고장은 발생한다고 생각한다. 그러나 사람들이 몇 개월 헬스클럽에 다니거나, 보약을 장기 복용하

표 1-1 Product, Process & Plant의 결정요인(source; IDC Manufacturing Insight, 2010)

정보분석	정책결정	Product	Process	Plant
자산구성 분석	자원배분	신제품 개발의 신속한 자원 배분	생산프로세스가 매출과 생산성에 기여	지속성장 목표달성을 위한 공장 신설 및 현 공장 확장 결정
시나리오 분석	리스크 경감	상이한 시장조건, 원가구조, 경쟁여건과 자원제약이 미칠 제품 성과의 영향 평가	운영 프로세스를 중단시킬 규제와 자원요인 평가	생산에 영향주는 교통수단, 협력사 네트워크와 잠재력 결정
가치분석	최적 산출물	목표 수익에 부합하는 제품의 가격과 생산량 결정	성과를 최적화 할 생산품, 에너지사용, 환경규제 이행과 경영목표와의 절충	종업원 안전확보와 설비성능 유지와 균형
상황분석	지속성 확보	상부 결정에 따른 안정적 생산 활동	최적 상태인 생산품과 규제일치 모니터링	확실한 정비 활동이 경영층 희망 성과에 부합

였다고 해서 건강해지지 않는 것과 마찬가지이다. 설비의 무병장수는 인간의 건강처럼 최소 10년 계획의 장기적 관점에서 다루어야 할 문제이다.

1.3 제품가치모델(Product Value Model)

나는 생수 한 병에 부과된 세금으로 인해 슈퍼마켓에서 산 생수를 마실 때마다 아주 미미하게나마 한국의 대통령이 받는 연봉에 이바지하고 있다. 마찬가지로 제조업의 생산 활동 중에 발생하는 고장과 관련한 가치손실 혹은 가치창출은 제조업

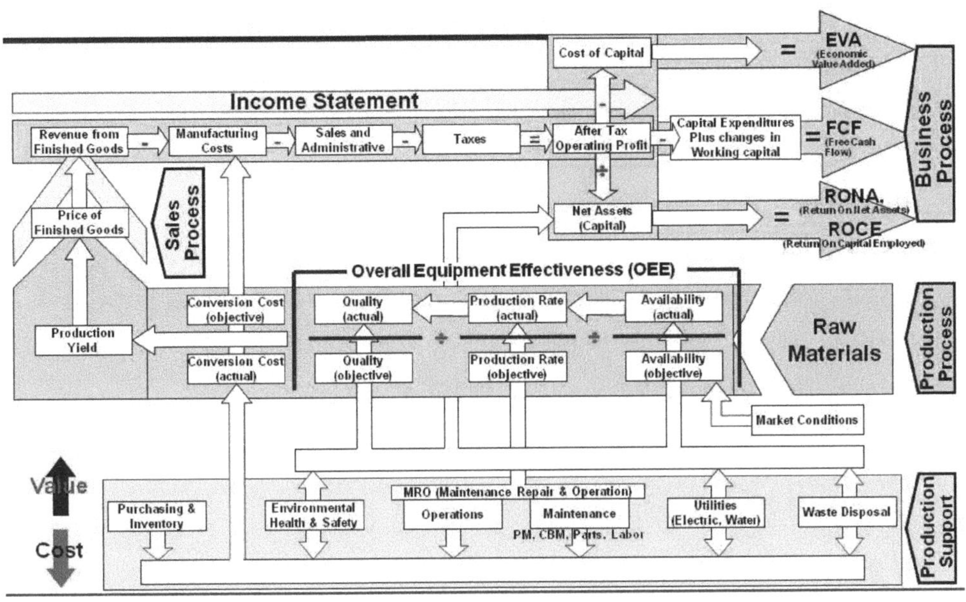

그림 1-1 제조업의 프로세스

의 회계연도 재무제표상에 그대로 반영되고 있다.

제조업에서 가치란 품질 향상으로 인한 판매가 상승, 비용 절감, 위험도 저감, 에너지와 밀접한 온실가스 저감 등을 총체적으로 지칭한다. 예전의 가발산업과 같은 노동집약적인 산업구조 아래에서는 설비의 중요성은 문제가 되지 않았으나 반도체, 중화학, 발전, 제철, 자동차산업 등 자본집약적인 설비중심의 산업구조에서는 자동화, 성력화가 되어 '설비가 일한다.'는 표현이 도리어 적당하다.

설비관리 비영리 기관인 MIMOSA 초대 회장이며 세계적인 설비관리 전문가인 John S. Mitchell이 제시한 그림 1-1에서 제조업의 생산 과정을 보면 생산 지원 프로세스에서의 가치와 비용의 상관관계가 서로 연결되어 있음을 보여주고 있다. 산골짜기의 작은 시냇물이 바다로 이어지는 상관관계를 맺듯이 모든 제조업 활동이 돈으로 표시되어 회계 연도상의 매출과 손익으로 표현되고 있다. 여기서 재무적인 측면의 EVA, FCF, RONA, ROCE를 다루기는 무리가 있으나 이들 모두는 Capital, Asset이라고 표현된 항목과 긴밀하게 연결돼 있음을 알 수 있다.

제조업의 생산지원 프로세스는 원자재가 들어와 생산 과정을 거쳐 제품으로 만들어지고 판매 프로세스를 거쳐 재무적인 프로세스로 순환하고 있음을 보여주고 있다. 제조업의 일반적 용어인 프로세스는 '실행과정'으로 표현되며 경영층, 종업원들의 정신적, 신체적 활동과 관련된 것으로 연속해서 하는 일련의 행위 또는 일상적으로 반복해서 하는 행위를 뜻한다.

혁신은 지금 일상적으로 반복하는 행위를 타파하여 새로운 가치를 창출하는 것으로 프로세스 혁신(Process Innovation)은 자전거의 뒷바퀴로서 최고경영자가 끊임없이 자전거 페달을 밟아 쓰러지지 않고 앞으로 나아가듯이 기업이 지속적 생존을 위해 해야 하는 필수 방법론으로 자리매김하고 있다.

제조업 생산과 정비부문에서의 대표적 혁신 방법론은 다음과 같다.

- 식스시그마(Six Sigma)
- 자산관리(Asset Management)
- 가용성 기술과 관리(Availability Engineering & Management)
- 개선(Kaisen)
- 정비관리전산화(Computerized Maintenance Management System)
- 린 생산과 관리(Lean Manufacturing & Maintenance)
- 전사적 생산정비(TPM: Total Productive Maintenance)
- 공급사슬관리(SCM: Supply Chain Management)
- 신뢰성중심정비(RCM: Reliability Centered Maintenance)
- 선행정비(PaM: Proactive Maintenance)
- 예측정비(PdM: Predictive Maintenance)
- 예방정비(PM: Preventive Maintenance)
- 예측/예방정비 최적화(PdM/PM Optimization)
- 근원고장분석(RCFA: Root Cause Failure Analysis)

문제는 개별적 혁신 방법론이 한 부분만을 강조하고 있어, 가치를 창출하고 무병장수로서의 제조업 설비관리 목표를 달성할 수 있는 꿈같은 이상적인 공장(Dream Factory)이 되는 데는 미진한 면이 있어 통합적 관점의 접근으로 요즘의 화두인 Smart와 Factory의 융합 개념인 Smart Factory를 대안으로 제시하고자 한다.

스마트폰이 시대를 이끌고 있는 현시점에서 스마트는 사람과 사람의 '소통'이 핵심이다. Ware는 Hardware, Software에서 보듯이 제품 또는 상품을 의미한다. '소통'과 '제품'으로서 소통의 주체는 설비관리자 인간(Man)과 설비(Machine)와의 상호 소통할 수 있는 시스템을 말한다. 즉, Man to Man, Man to Machine, Machine to Man, Machine to Machine으로서의 복합 개념인 M2M이라고 한다.

사람과 설비가 자유롭게 소통하는, 즉 설비가 "내가 건강 상태에 조금 이상이 있어"하고 설비관리자에게 요청할 때 즉시 설비 이상을 정상으로 원위치할 수 있다면 자본 투자의 대표적 대상인 설비를 무병장수하게 할 수 있다.

사람이 몸이 아프면 아프다는 의사표시를 하여 소통함으로써 병을 고치지만 말을 할 수 없는 갓난아기들의 병을 고치는 소아과 의사는 24시간 돌보는 아기 엄마와 소통함으로써 갓난아기의 병을 고치고 있는 것과 같다.

설비는 직접적인 자기 건강 상태 관련 의사 표현을 못한다. 그렇지만 간접적으로 이상이 있다는 신호를 여러 측면에서 외부로 보내고 있다. 온도가 비정상적으로 상승하거나 소음이 들리고 진동이 발생하는 등의 여러 이상 신호를 보내며 고장이 날 것을 알리고 있으나 이를 관리하는 인간과의 소통에 실패함으로써 무병장수에 역행하는 것이다.

Smartware는 Hardware, Software라는 재화 즉 제품(Product)과 Humanware 측면의 용역 서비스를 합쳐진 조어로 소통을 근간으로 하는 제품과 서비스의 복합적인 '제품의 서비스화(Servicizing)'로 이해하면 된다.

Humanware는 인간을 대상으로 하는 새로운 지식을 가르치는 교육서비스, 아는 것을 몸에 익도록 하는 훈련서비스, 특정한 대상에 특정한 성과 창출을 위한 컨설팅 및 코칭 서비스 등을 지칭한다.

설비관리의 목표는 설계단계에서부터 시작해 구매, 건설을 거쳐 생산과 정비, 폐

기에 이르기 까지 평생(Lifecycle) 동안 무병장수를 목표로 하여 설비관리자와 설비 사이의 소통이 완벽하게 이루어질 때 달성될 수 있는 실현 가능한 개념이다.

1.4 가치창출(Value Creation) 조건

자본 집약적인 제조업이 기존의 일상적 운영에서 지속적인 성장(Sustainability)을 이루기 위해 생각을 근본적으로 바꾸어야 할, 즉 패러다임 전환을 가져와야 할 3가지가 있다.

1) Value 중심 사고

제조업의 지속적인 발전을 위해서는 단기적 성과와 장기적 번영의 균형을 통해 이루어야 한다. 사주가 지배 구조인 경우는 장기적인 번영에 지대한 관심이 있지만 3년 이내의 임기를 가지고 있는 전문경영 최고경영자의 경우에는 단기적인 성과에 집착하기 마련이다.

이러한 단기적인 성과를 위해 손쉽게 할 수 있는 일이 인원 감축을 통한 고정비용의 대표적인 인건비 절감과 갑의 우월적 입장에서 을인 협력회사 납품 단가 인하로 이어지고 있으며 이는 장기적인 번영의 기반을 포기하는 결과로 나타나게 된다.

여기에서 Value는 기업의 위험도(Risk) 저감, 비용(Cost) 절감, 온실가스 저감과 품질 향상이라는 복합적인 의미이다. 각 요소를 목표대로 모두 할 수 있는 가장 근본적인 분야가 설비관리이다. 전 세계에 공장 건설 및 인수합병을 통한 글로벌 경영을 하는 기업의 입장에서 볼 때, 한 공장에서의 갑작스러운 인적/물적 사고나 품질 불량으로 인해 전체적인 운영에 즉각적인 영향을 가져오는 복잡화 양상을 가지고 있다.

물론 제조업별 특징에 따라 우선순위를 두는 항목이 다르다. 원자력 발전은 위험도에 따른 안전을 최우선 순위로 하고, 치열한 경쟁을 하는 일반 제조업일 경우는 품질을 우선순위로 하며, 비용은 모든 제조업이 관심을 가지고 추구하는 가치이다.

지구 온난화 시대에 이르러 새로운 장벽으로 대두할 온실가스 감축의 문제는 에너지 사용과 밀접한 관련이 있어 신재생 에너지의 개발과 함께 제5의 에너지인 절약을 통한 지속 성장 가치를 만들어야 한다.

참고로 미국의 시사주간지인 Time은 2009년 신년호 표지기사로 다룬 에너지 절약 기사에서 에너지를 다음과 같이 분류하였다.

- 제 1 에너지-불
- 제 2 에너지-석유
- 제 3 에너지-원자력
- 제 4 에너지-수소 및 태양열
- 제 5 에너지-절약

2) 설비 중심 사고

설비가 일하는 대부분 자동화 공장에서 엔지니어의 고객은 누구인가? 바로 갓난아기와 같은 설비이며 엔지니어는 어머니가 된다. 어머니의 목표는 무엇인가? 자식이 무병장수하여 이 세상에서 제대로 사회활동을 하는 것이다. 마찬가지로 엔지니어의 주된 고객은 일반 소비자가 아니고 설비이다.

차입금, 내부 유보금 등 자본 투자의 대표적인 설비가 무병장수하도록 하여야 하는데 현실은 기능 중심으로 혹은 부서나 팀 등 조직 중심으로 업무가 진행되고 있어 소통에 많은 지장을 가져오고 있다.

생산부서, 정비부서, 품질부서, 에너지부서 등 각 조직은 자기 입장에서만 업무를 처리할 뿐 회사 전체의 성과를 극대화할 큰 그림(Big Picture)을 보지 못하고 부서 이기주의에서 맴도는 것이 전 세계적인 현실이다.

특히 엔지니어들은 자기가 보유하는 고유 기술을 주장하는 큰 목소리를 가진 완고한 고집불통 인간형으로 각인되어 근본적으로 타 부서나 타 엔지니어와의 소통에 큰 문제를 갖고 있다.

3) 진단 중심 사고

인체의 병을 고치기 위해 의사는 처방에 앞서 반드시 먼저 진단을 하고 있다. 마찬가지로 조직 개편을 하려면 조직 진단을 먼저 해야 하고, 개인의 습관을 바꾸려면 개인의 MBTI 등의 성격 진단을 먼저 해야 한다.

이런 의미에서 중요한 원칙의 하나로 〈성공하는 사람들의 7가지 습관〉의 저자 스티븐 코비 박사의 'Diagnose Before You Prescribe(처방전에 진단하라)'는 유명한 말이 있다.

훌륭한 의사는 치료약을 처방하기 전에 환자의 병을 진단하면서 소통을 통해 많은 시간과 노력을 하는 사람이다. 환자가 병원을 방문해 최초 작성한 간이 건강 진단표와 환자의 피검사, X-레이 자료, CT 및 MRI와 같은 정밀 수치와 영상 자료를 보면서 직접적인 대화를 통해 환자의 병을 정확히 진단하려고 노력하고 환자의 상태에 알맞은 처방을 내리려고 한다.

개복 수술을 꼭 해야 하는가, 수술을 꼭 해야만 한다면 인터벤션 기법으로 지름 2밀리의 구멍만으로 환자를 수술케 할 수는 없을까, 약으로 낫게 할 수는 없을까 등 그동안 경험한 다른 임상 결과와 비교하면서 환자의 무병장수를 위해 처방을 한다.

마찬가지로 훌륭한 엔지니어는 설비의 중요성을 인식하고 의사가 직접 회진 돌면서 오감으로 환자를 파악하듯 설비 점검을 통해 갓난아기처럼 말 못하는 설비상태를 파악하고 정밀진단을 통해 종합적인 상태를 파악함으로써 사전에 고장을 예방하는 역할을 하는 설비의사(Machine Doctor)이다.

4) Value의 창출 조건

미국의 유명한 전기연구소인 EPRI(www.epri.com)는 예측정비의 정의를 다음과 같이 하였다.

예측정비는 중요한 설비의 정비 요구에 대하여 적절한 결정을 내리기 위해 정비 이력, 설계지식, 모든 가용한 설비의 상태 데이터(진단과 성능 데이터, 운전 데이터)를 통합하고 또한 전문가의 기능과 기술을 요구하는 프로세스이다.(Predictive Maintenance is a process that requires technologies and people skills, that integrates all available equipment condition indicators (diagnostic and performance data, operator logged data), maintenance histories, and design knowledge to make timely decisions about maintenance requirements of important equipment.)

이를 환자와 질병으로 비교하면 무병장수가 목표인 질병 치료를 위한 예측유지 활동은 중요한 인체의 질병에 따른 처방 요구에 대하여 (의사가) 적절한 의사결정을 하기 위하여 출생 전 가족병력 및 임신할 때의 상태, 지금까지의 치료한 병력상태, 모든 가능한 상태와 징후들(진단 및 건강상태 데이터, 생활 습관 데이터)을 통합하고, 의사의 기능과 현존하는 의학기술을 요구하는 실행과정이다.

EPRI의 정의에 따라 Value는 People Skills, Technologies 및 Process 3가지 교집합으로 다음과 같이 구성된다. 5장 방법론에서 자세히 설명하게 될 Platform의 하나로서 Technology를 이해하면 될 것이다.

1. Risk ↓
2. Cost ↓
3. Performance ↓

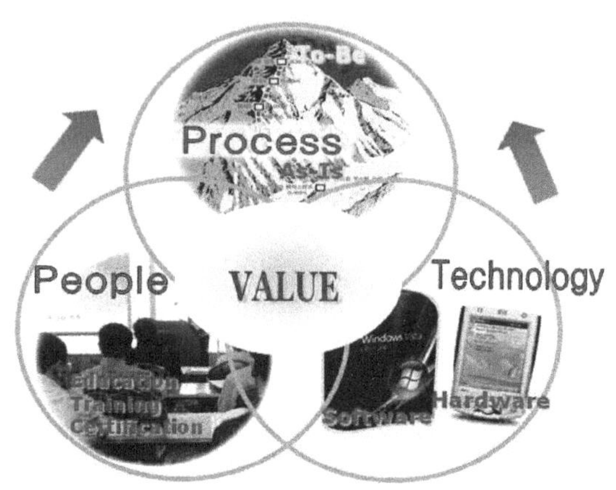

그림 1-2 Value, Process, People과 Technology 관계

첫째는 Value를 창출하는 사람, 즉 엔지니어의 기능이 우선 향상되어야 한다.

체계적인 교육, 훈련 및 인증을 통하여 엔지니어들에게 물적 및 심적 인센티브의 동기가 부여되는 기능 향상 프로그램이 제공될 때 엔지니어들은 확실히 변하게 된다. '50세 청춘 70세 중년 90세 노년'의 시대를 사는 현시대의 엔지니어가 퇴직 후에도 지속적으로 사용할 자기 고유의 기술이라는 확신이 들면 생각이 바뀌어 업무에 몰입하게 된다. 모르는 새로운 분야에 대한 교육과 몸으로 습득한 반복된 훈련, 그리고 다른 엔지니어와 차별되는 인증 프로그램을 부여함으로써 성과는 극대화할 수 있다.

둘째는 다양한 기술과의 접목을 필요로 한다.

이러한 기술은 진단장비 등 하드웨어나 데이터의 분석과 해석을 위한 소프트웨어의 구매가 필요하다. 제조업에서 오랜 경험을 가진 설비 엔지니어가 오감을 이용한 점검을 통하여 설비 이상 징후를 알아낼 수 있는 확률은 대략 80% 정도로 판단하고 있다. 나머지 20% 고장을 잡기 위해서는 각종 진단 장비나 분석 소프트웨어를 활용한다. 이러한 하드웨어나 소프트웨어는 정보기술(Information Technology)의 장점인 조금 더 편하고 저렴하며 빠른(Better, Cheaper, Faster) 업무의 프로세스 혁신에 기초가 되어야 한다.

셋째는 최적화된 프로세스이다.

설비의 고장을 사전에 예방하는 프로세스를 가졌는지 확인하여야 한다. 현재의 상태(As-Is)를 정확히 파악하고 고장을 예방하는 프로세스 혁신(PI: Process Innovation) 전략을 실행해야 한다. PI는 현재의 사후(Reactive)정비, 선행정비(Proactive)적인 예측(Predictive)정비, 예방(Preventive)정비 업무의 최적화를 의미한다.

People, Platform 그리고 Process가 각 회사의 예산, 기술 수준, 의식 수준을 고려하여 최적화될 때, 고장이 점차적으로 줄어들어 제조업의 가치 측면에서의 품질과 생산성은 올라가게 되고 안전성은 확보되며 비용은 절감된다. 결국, 가치 창출이 일어나 기업의 생존 전략에 중요한 핵심 역할을 담당할 것이다.

1.5 생존전략으로서의 창조성과 서비스

한국 제조업이 위기라고 한다. 원자재 가격은 국제적인 공급 부족으로 인해 천정부지로 오르고, 노사갈등으로 말미암아 생산성과 품질은 상승이 아닌 하향 곡선을 그리고, 온실가스 등록제로 인한 규제성의 에너지 문제로 인해 국제적 그리고 정부의 외부적 압박은 더해가고, 경쟁 제품의 고품질화와 판매가격 인하는 제조업의 생존을 근본적으로 생각하지 않을 수 없는 지경에 까지 왔다.

우리 한국 제조업만 그러한가, 다른 외국 회사는 이러한 위기를 어떻게 이겨냈는가, 이대로 좌절하고 포기할 것인가 라는 관점에서 한국 제조업의 미래에 대한 두 가지 방향을 제시하고자 한다.

1) 창조성 전략으로의 설비관리

창조적이고 독점적인 비즈니스 모델의 구축은 모든 최고경영자의 소망이다. 특히 제조업은 설비 투자비용이 많이 들고 회수기간이 길어 비즈니스 모델의 잘못된 선택은 파멸의 길로 몰고 갈 수 있다. 창조성 능력 즉, 창의력을 구체적으로 분석해 보면 어떤 상황과 사물이 주어졌을 때 전체적인 특성을 인지 · 분류하고 이들의 상관관계를 파악하며 서로 연상 및 결합하는 네 가지 능력으로 구성되고 있다. 이를 각각 설비관리 관점에서 설명하고자 한다.

◆◆ 전체적 특성의 인지 능력

제조업 설비를 큰 식탁이라고 가정할 때 식탁 위에 놓인 다양한 음식 그릇은 각각의 특성이 있다. 품질 그릇, 안전 그릇, 에너지 그릇, 생산 그릇, 비용 그릇 등 그릇의 기능은 크기, 색깔과 모양은 다르지만 식탁이라는 설비 위에서 모든 행위가 창출되는 것이다. 이런 측면에서 그릇 개개의 성과만 개별적으로 보지 않고 탁자 위의 전체성과를 바라볼 수 있는 통찰(Overview)적인 인식 능력이 필요하다.

◆◆ 분류 능력

'개별의 합은 전체보다 클 수 있다.'는 시너지적 관점에서 각 기능을 구체적으로 분류하고 세밀한 부분까지 알아내는 분류 능력이 있어야 한다. 지식이라는 영어 단어인 Knowledge는 know와 ledge의 결합으로서 '세밀한 것을 아는' 즉 디테일에 강한 것을 의미한다.

◆◆ 상관관계 파악

안전, 품질, 에너지, 생산성 등 서로 다른 것처럼 보이는 문제는 서로가 밀접한 관계를 맺고 있다. 나무물통 법칙이라 불리는 리비히 효과(Liebig Effect)는 최소량의 원칙으로서 다른 것이 아무리 뛰어나도 최소 성과를 내는 부분에서 모든 성과가 규정지어진다는 원칙이다.

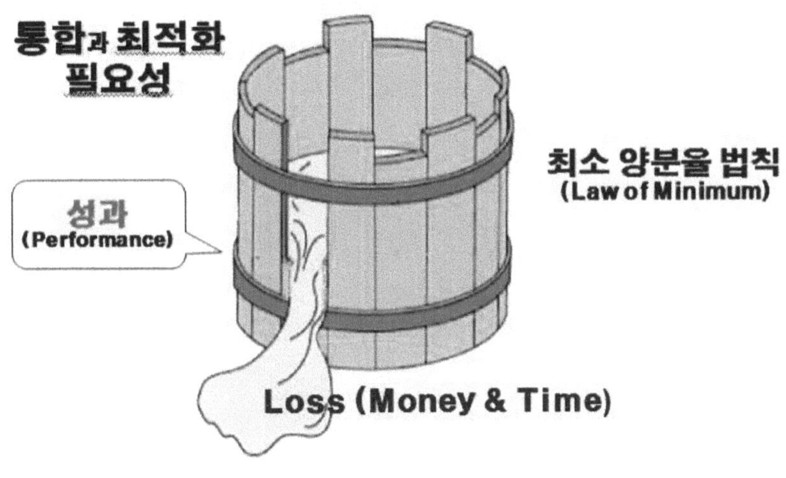

그림 1-3 리비히 효과

◆◆ 연상 및 결합 :

왜 설계 구매 시공(EPC: Engineering, Procurement & Construction)과 운전 정비(O&M: Operation & Maintenance)를 따로 분리해서 관리해야 하는가, 왜 운전부서와 정비부서가 따로 분리되어 별도 책임을 져야 하는가, 정비부서는 왜 기계, 전기, 계전 팀으로 나뉘어 자기의 업무만 처리하려 하는가? 등의 복잡한 상황을 해결해 주는 방안이 있다.

설비를 통합적 관점에서 최고경영자부터 관리자, 현장 엔지니어까지 누구나 설비상태 데이터를 공유할 수 있는 유비쿼터스 입장에서 IT 기술이 접목된다면 사람과 설비 서로 간에 건강상태를 공유하고 고장을 없애는 창의력이야말로 무병장수로 지향적 생존을 위한 방안이 될 수 있다.

2) 서비스와의 결합을 통한 설비관리

제조업 2차 산업 결과물인 제품을 바탕으로 서비스와의 결합, 즉 이업종 결합을 통한 고부가가치화를 통한 생존전략을 추구하는 많은 제조업이 있다.

항공기 엔진을 생산하는 GE는 제품의 품질과 성능에 대한 고객과의 갈등을 해결할 목적으로 1997년부터 Condition Monitoring을 시작하여 기술 데이터 제공 서비스를 고객과 자체 품질부서, 생산부서와 공유하기 시작하였다.

이러한 상태 데이터를 제공하는 서비스는 현재에 이르러 다음과 같은 모습으로 고부가가치화 비즈니스 모델로 확정되었다.

- 고객 항공사의 비행기가 이륙하는 순간부터 매 2시간 단위로 엔진 상태 데이터를 인공위성을 통해 수집한다.
- 수집된 엔진 상태 이상 정보를 고객사에게 사전에 통보하여 엔진 이상으로 인한 비행 사고를 고객 항공사는 사전에 차단한다.
- 신시내티 항공관제센터는 현재 300여 명의 기술 진단서비스 인력으로 년 1000여 건의 고장 예측을 고객 항공사에 24시간 제공하는 서비스 계약(SLA: Service Level Agreement)을 통해 고부가가치화하고 있다.
- 고객 항공사는 저렴하고 신뢰성 있는 항공기 엔진 이상 정보를 수집하고 비행기 운행에 반영하여 안전을 확보한다.
- GE는 엔진 판매에 따른 일회성 매출보다 장기적인 기술 서비스에서 얻는 이익이 커서 고부가가치 수익 모델로 정착하였다.

이와 같은 제품을 기반으로 하는 서비스 비즈니스 모델(Product Servicizing)은 OTIS 엘리베이터 정비 서비스, 복사기 시장에서의 서비스화 모델 등으로 발전하여 제조업의 생존 모델로 자리 잡고 있는 것이 현실이다.

우리 제조업이 생존해야 할 전략으로서 프로세스혁신(PI)을 많이 거론하고 있지만, 혁신은 창의력과 실천력이 합쳐질 때 발휘되는 것이다.

혁신의 정의는 다음과 같다.

'새로운 생각을 실행하여 새로운 가치를 창출해 내는 창조적 과정이다'

제조업의 생존 전략으로서 프로세스 혁신 방법론은 설비관리에 관련된 사람,

기술 그리고 프로세스에 대한 통합적이고도 최적화 방법론을 추구하여 새로운 가치를 창출하는 것이다.

설비관리의 특징은 한 산업분야에서의 성공적 수행은 다른 산업 분야에까지 쉽게 접목할 수 있다는 범용적 적용성에 있다. 즉, 제철산업 설비는 석유화학, 자동차, 원자력 등 설비와 부품 사용과 원리가 기본적으로 같기 때문이다.

1.6 과학기술의 5대 트렌드

세계적인 IT 컨설팅 회사의 하나인 Accenture는 2009년 정보과학기술의 5대 트렌드에 대한 발표를 하였다.

- 인터넷 지향 컴퓨팅
- 모바일 비즈니스의 부각
- 커뮤니케이션·협업·커뮤니티·콘텐츠 4C의 컨버전스
- 소프트웨어 개발에 대한 새로운 접근
- 정확한 데이터를 기반으로 한 올바른 의사 결정

이들 중 모든 트렌드가 설비관리와 관련되어 진행하고 있으며 특히 '정확한 데이터를 기반으로 한 올바른 의사결정'과 관련하여 설비관리 분야에서는 많은 시사점을 제시하고 있다.

한국DB진흥원 부설 데이터 품질관리인증센터에서 '데이터 품질관리의 경제적 효과 분석 수행 연구'를 수행한 박주석 경희대 교수는 현재의 기업들은 잘못된 수치나 내용이 틀린 이른바 '오류 데이터'로 인해 폐해가 크다고 발표하였다.

데이터에는 두 가지 종류가 있다.

사람, 시간, 자재, 돈 등과 관련한 관리 데이터와 설비 기능과 관련한 기술 데이터로 크게 나뉜다. 관리 데이터는 기업들이 잘못된 데이터로 우편물 재발송을 비롯하여 고객 불만 응대, 시스템 오류 복구 등의 저질 데이터로 인한 피해 복구에 46조 5,309억 원, 공공기관의 데이터 품질관리에 4,549억 원 등, 한해 46조 9,000억 원에 달하는 막대한 국가적 비용이 낭비되어지고 있는 것으로 조사하였다.

기술 데이터에 대한 자료 조사는 예외적으로 이 조사에 포함되지 않았으나 설비 현장의 데이터는 역시 품질관리가 제대로 이루어지지 않고 엔지니어가 자신 혹은 자기 부서에 유리하게 데이터를 추정하여 대개 서류 등으로 관리하거나 더 나아가 소프트웨어로 관리하여도 버전관리가 제대로 이루어지지 않아 많은 근본적 문제점을 내포하고 있다.

이러한 저품질 혹은 추정 데이터로 만들어진 DB는 아무리 탁월한 인공지능 등의 분석 소프트웨어를 사용한다 해도 정확한 분석 결과를 얻기 힘들어 설비의 무병장수를 위한 예측을 하기에는 한계가 있어 현장에서는 손쉬운 방법으로서 긴급 예산을 확보하여 무조건 교체하는 등의 폐해로 가치 창출에 역행하는 것이 현재 대부분 제조업의 실정이다. 설비의 무병장수를 위한 의사결정을 내리기 위하여 필요한 기술데이터는 정합성 데이터라야 하며 조건은 다음과 같다.

1) 올바른 데이터(Proper Data)

기술 데이터의 종류는 요소 기술에 따른 단위가 여러 가지로 있는데 설비의 건강상태를 알아내는 데이터를 올바른 것을 선택하여야 한다. 예를 들어 온도를 측정하여야 하는데 유량을 측정하여 관리하는 것은 근본적으로 올바른 데이터가 아니다.

2) 신뢰성 데이터(Reliable Data)

올바른 데이터를 선택하여 측정하더라도 측정기기의 신뢰성 부족, 다른 측정 위치, 측정 엔지니어의 숙련도 부족 등으로 수집된 데이터는 신뢰성 있는 데이터라고 할 수 없다.

3) 지속적인 데이터(Continuous Data)

올바르고 신뢰성 있는 데이터라 할지라도 일, 주, 월, 분기, 반기, 년 등 측정주기에 따라 지속적인 측정을 해야 설비의 상태 변화에 따른 대응을 할 수 있다.

이러한 세 가지 조건을 갖춘 데이터를 정합성 데이터라고 한다. 그렇지만 많은 기업이 정합성 데이터가 있다 하더라도 빈약할 뿐만 아니라 그 자료에 접근 방법도 어려우며, 자료를 통해 통찰력을 가지고 어떻게 해야 할지에 대한 설비관리 전략을 가진 전문가도 부족하다.

1.7 스마트웨어(Smartware)

현시대는 스마트 시대이다. 한국만 해도 스마트폰 사용자가 이천만 명을 돌파하여 이제는 스마트라는 말이 보통명사가 되었다. 과연 스마트의 진정한 의미와 목적은 무엇일까? 단순한 통신기기로서의 스마트폰이 모든 목적이자 의미가 아니다.

결론부터 이야기하면 스마트의 목적은 '소통'이다. Communication으로 번역되는 소통은 본인과 타인의 의사소통을 위한 통신회사(Communication Company)의 전유물처럼 느껴지지만, 스마트폰은 '소통'의 도구일 뿐이다.

제조업 설비관리에 있어서 주체와 객체인 엔지니어, 설비, 관리자, 최고경영자까지 설비의 무병장수를 위한 원활한 소통을 전제로 한 제품과 서비스를 합친 개념이 Smartware이다.

세계적인 권위를 가진 설비관리 비영리 기관인 MIMOSA.org의 홈페이지를 보면 필요성을 다음과 같이 설명하고 있다.

> '복잡한 설비자산에 크게 의존하는 제조업들은 역사적으로 두 개의 수평적 층을 통합하려는 노력에 초점을 맞추어 왔다. 그 두 개의 층은 실시간 운영되는 자동화 설비와 ERP등으로 운영되는 경영 정보시스템이 바로 그것들이다. 심각한 수직적인 정보 단절에 기인한 두 개의 층에 있는 각각의 전문가 즉 엔지니어와 경영자들은 서로가 같이 일할 기회도 없었고 통합의 필요성도 느끼지 못했다.
>
> 생산과 정비 프로세스, 시스템과 전문가들이 각기 자기들만의 수평적인 정보 단절만을 이어가면서 서로 간 비효율적으로 정보를 통합했을 때 수직적 단절은 형성되었다. 이러한 단절은 제조업의 프로세스와 정보 통합의 바로 정중앙에 있는 공간을 만들었다.
>
> 과거에는 정보통합의 부족에서 오는 생산의 비효율은 서로 다른 두 개의 분야에 대한 일반적인 이해 부족으로 축소되거나 혹은 너그럽게 넘어가곤 했다. 전체적인 최적화는 생산과 정비의 프로세스, 시스템과 사람들의 적합한 통합을 요구하고 있다. MIMOSA는 효율을 위한 이러한 장애물들을 제거하는데 효과적 대안을 만드는 분야에서 이바지한다.'

또한 MIMOSA는 명쾌하게 자신의 사명을 다음과 같이 표현하고 있다.

'협업적인 설비의 평생 관리(CALM : Collaborative Asset Lifecycle Management)와 운전과 정비(O&M : Operation & Maintenance)를 위한 개방형 정보 표준의 채택을 개발하고 장려함'

그리고 CALM과 O&M을 해야만 하는 목적에 대해서도 설비관리의 평생적인 위험과 비용에서 모호함을 줄이는 방편으로서의 '상호운용성(Interoperability)'을 대안으로 제시하고 있다. 위험과 비용을 지속적으로 발생시키는 애매모호함(Ambiguity)에서의 탈출은 제조업의 앞으로 생존 전략과 긴밀하게 연결되어져 있다. 이는 제조업에서의 프로세스, 시스템(정보통신기술)과 사람들 사이에서 프로세스 혁신(PI: Process Innovation) 이 필요한 이유이다.

생존전략과 프로세스혁신은 절대 불가분의 관계로서 "생존을 원하면 혁신하라." 라는 세계적 대기업 최고경영자들의 일관된 목표이기도 하다. 세계적 흐름이 경영관리와 제조현장 자동화와의 정보기술의 통합으로 가고 있다. 정보통합은 당연히 소통을 전제로 한 것이며 원활한 소통은 각각의 설비와 엔지니어, 관리자, 경영자로 하여금 관리적 측면과 기술적 측면에서 투명한 현황을 파악도록 함으로써 모호함에서 벗어나 의사결정을 용이하게 만드는데 있다.

Smartware의 구성은 다음과 같다.

Hardware

설비이상 상태를 위한 진단기기, 측정 장치, 부품 등 설비의 무병장수를 위한 진단과 처방 관련 부품과 장비 일체

Software

설비와 관련한 데이터 및 정보를 관리해 주는 시스템 일체

◆◆ Humanware

교육, 훈련, 컨설팅 코칭 등 설비관리와 관련된 인적자원과 관련한 용역 서비스

Smartware의 근본적인 목적은 소통을 통해 위험과 비용을 없애는 의사결정이라면 상기 세 가지 구성요건은 다음과 같은 구축 방법론에 근거하여야 한다.

◆◆ 통합(Integration)

Hardware, Software, Humanware가 어느 하나라도 빠져서는 안 되며 통합적 관점에서 구축되어야 한다.

◆◆ 최적화(Optimization)

각각의 Hardware, Software, Humanware는 무조건 동일 비중을 가지고 통합을 하는 것이 아니라 특정한 제조업인 고객의 인적, 재무적, 기술적 수준에 알맞은 '눈높이' 프로세스로 구축되어야 하며 무조건 세계 최고의 사례를 적용하는 것은 낭비일 뿐만 아니라 도리어 생존전략에 역행할 수 있기 때문이다. 이는 조건 없는 '통합'의 폐해를 줄일 수 있는 '분산'의 의미이다.

이를 도표화 하면 그림 1-4와 같다.

통합 및 최적화

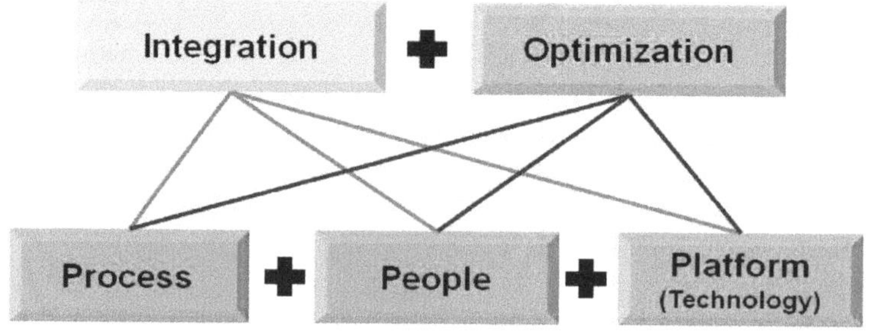

그림 1-4 통합 및 최적화 관계

1.8 평생 관리 (Asset Lifecycle Management)

공장 설비의 일생을 살펴보자. 제조업이 시장에서 증가할 수요를 예측하고 자금을 마련하여 공장설비 투자를 기획하게 된다. 여기까지는 마케팅부서, 기획부서, 재무부서의 이견을 조율해 설비투자에 대한 최고경영자의 의사결정으로 이루어지지만 자본 집약적 새로운 설비일수록 거액의 투자 자금과 재무적 리스크를 부담해야 한다.

신규 공장 설비의 완벽한 가동이 빨라지면 빨라질수록 설비 폐기에 대한 기간이 늦어지면 늦어질수록 회사 자금 부담이 해소되고 매출로 인한 사업성은 좋아지기 마련이다. 원자력발전소의 수명은 40년, 최근설계는 60년이지만 수명연장 10년을 더할 경우 발전소의 투자비용 절감, 지속적 매출 발생으로 기업 입장에서는 바람직한 지속가능 성장을 가져올 수 있다. 이는 전제가 무병장수에 대한 설비관리의 확고한 기술과 프로세스가 정립되어 있을 경우이다.

평생 설비관리의 과정은 다음과 같다.

Engineering(설계) ⇨ Procurement(구매) ⇨ Construction(건설) ⇨ Operation(운영) ⇨ Maintenance(정비) ⇨ Disposal(폐기)

이를 크게 나누면 EPC+O&M으로 구별하며 인간으로 치면 수정하여 태어나는 순간까지가 EPC, 태어나서 살아가는 과정이 O&M, 죽는 것이 폐기(Disposal)이다. 수정하여 임신상태에서는 앞으로 태어날 자식이 건강하여지도록 임산부들은 금연, 약물복용 자제, 올바른 자세와 예쁜 마음 갖고 생활하기, 균형 잡힌 식사 등으로 임신 기간을 보내게 된다. 이는 정신적 혹은 육체적으로 장애아를 낳지 않도록 하는 과정이다. 선천적 장애아가 태어나면 부모가 받아야 하는 정신적, 물질적 고통

은 자식이 죽을 때까지 지속할 수밖에 없다.

건강하게 태어나더라도 일생 건강관리를 제대로 하지 못해 질병과 함께 생활한다면 한 인간으로서 건강한 사회생활을 하기에는 정신적 및 경제적 부담이 수반된다. 설비관리도 이와 마찬가지이다. EPC에서부터 O&M을 거쳐 폐기까지 목표를 인간의 무병장수와 같은 개념을 갖는 'No Failure, Long Life'로 삼는 것은 제조업에서 무척 중요한 인식의 전환이다.

지금은 산업화 초기 시절 은행으로부터 투자자금을 마련하기 어려울 때, 공장 설비만 돌려 제품만 나오면 자동으로 판매되어지는 시대가 아니다. 제조업이 자기신용으로 시중은행 금리보다 낮은 이자율로 런던, 뉴욕 금융시장에서 직접 자금을 빌려 오고, 치열한 경쟁 속에 차별화된 제품이 나와야 생존할 수 있는 시대에 공장설비가 처음에 설계, 설치, 시험 운전 되는 기간도 길어지고 근본적으로 처음부터 고장이 잦다면 생존이 아닌 파멸의 단계로 들어가고 있다고 해도 과언이 아니다.

세계적으로 매출 선두에 있는 석유 메이저 제조업의 연차 보고서에 기록된 탁월한 운영(Operational Excellence)에 대한 정의를 보자.

Chevron Texaco(세계적 매출 5위 석유화하 제조업)

> "탁월한 운영(Operational Excellence)은 사업 성공의 결정적 요건으로서 세계적 수준의 성과를 달성하기 위하여 안전, 건강, 환경, 효율과 정비 신뢰성의 체계적 관리이다"

Exxon Mobil(세계적 매출 2위 석유화학 제조업)

> "공장 운영의 안전과 정비 신뢰성 확보는 엑손모빌이 매일매일 당면하는 치명적인 도전과 사업 성공에의 기본이다." (2008년 연차보고서)

탁월(Excellence)한 운영의 전제는 설비의 무병장수이다. 탁월이라는 말을 사용하려면 국내가 아닌 세계적 최고 수준이 되어야 한다. 글로벌 경쟁 체제하에서는 국내 1위 기업의 의미는 존재 가치가 없는 퇴조의 과정이다.

한국에서는 태어나면서부터 한 살이라고 한다. 임신 단계에서부터 인간으로서의 생명을 미리 인정하기 때문이다. 설비도 마찬가지이다. 설계 단계에서의 오류와 문제점 내포는 앞으로 가동 후에도 많은 고장을 야기하고 고장으로 말미암은 재설계와 보수 작업으로 경제적 부담이 가중되어 기업에게는 치명적 암적 존재가 된다.

이 ISO 자료는 설비의 일생을 일목요연하게 보여주고 있다. 공장설비, 제품, 운송수단 등의 일생이 다른 표준과 각 단계별 데이터베이스간의 상관관계를 보여주고 있다. 특히 주목할 것은 O&M 단계에서 지속적 개선을 통해 얻은 경험과 지식이 초기 설계에 다시 반영되도록 함으로써 최고의 품질이 되도록 하는 선순환 과정이다. 세계 최고의 제조업들은 이러한 피드백 프로세스가 잘되어 있어 최고 품질의 제품, 최고 품질의 설비관리가 가능한 것이다.

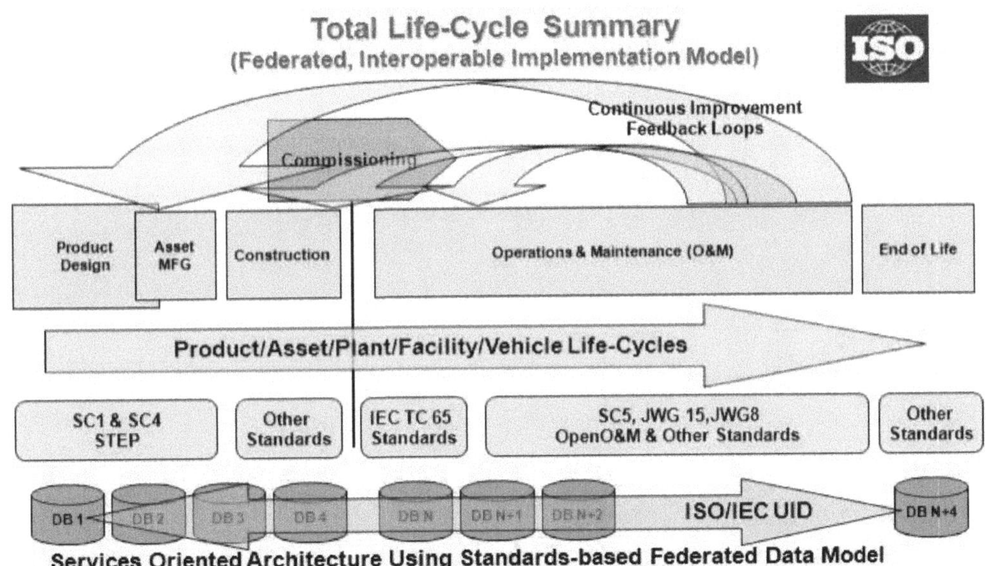

그림 1-5 Total Life-Cycle Summary

표 1-2

	미국	중국	일본	홍콩	대만	한국
2001년	924개	460개	326개	206개	122개	76개
2004년	954개	753개	318개	?	?	53개

각국의 공업 제품 측면의 일류상품 수를 비교해 보자. 일류상품이 어느 한순간에 나오는 것일까? 오랜 기간 제품의 문제점을 개선하여 피드백 하여 설계부터 반영한 것이 일류상품이 되는 것이다. 사람 건강이 좋은 보약 몇 번 먹었다고 어느 순간부터 좋아지지 않는 것처럼 설비도 어느 한순간 좋은 기술을 도입했다고 좋아지지 않는다. 설계부터 폐기까지의 모든 과정을 지속적 개선하는 입장에서 지식과 경험이 축적된다면 제품을 파는 글로벌 경쟁에서 제품을 만드는 공장설비 엔지니어링 지식과 경험을 파는 고부가가치 사업모델이 나올 수 있다.

무병장수의 핵심은 기존 설비의 문제점을 파악하고 개선한 경험과 지식을 EPC 단계까지 전달하는 프로세스로서 하드웨어적, 소프트웨어적 엔지니어에 관련한 상품과 서비스가 통합된 Smartware적 프로세스의 혁신 적용이다.

1.9 의학과 평생 관리

우리는 살면서, 일하면서 목적을 잃고 사는 경우가 대부분이다. 인생을 긴 시간으로 보면 내가 꿈꾸어 온 인생관과 세계관과는 무관하게 목적의식이 없이 사는 사람들이 대부분이다. 회사생활을 하며 조직의 As-Is(현재 모습) To-Be(바람직한 앞으로 회사 모습)는 많이 만들어 보지만 개인의 As-Is 및 To-Be는 거의 하지 않는다. 개인의 To-Be가 설정되어야 정확한 목적의식(인생 목표)을 갖게 된다. 그런데 모든 인간의 공통적인 목적 중 첫 번째가 무병장수이다. 돈과 명예, 권력은 개개인의 희망과는 상반된 이해관계자로 때문에 불확실성이 크지만 정신적 및 육체적 건강 관련된 목적은 무병장수이다.

우선 육체적 건강 측면에서만 보면 병 없이 건강하게 살되 단명은 원치 않는다. 장수해도 병치레로 고통스럽게 오랫동안 사는 것은 인간에게 있어 삶이 축복이 아니라 형벌이다. 설비관리도 마찬가지 목적을 가지고 있다. 대상이 다를 뿐이지 목적은 같다. 무병장수와 관련된 핵심 단어는 고장(Failure)이다. 인체는 잔병치레 없이 건강관리를 잘 할 경우 장수하듯이, 설비도 작은 고장 없이 관리를 잘할 때 오래 사용하여 회사가 목표하는 가치를 창출할 수 있다.

우리가 인체의 어느 부분에 이상이 있어 병원을 갈 경우 바로 수술하거나 약을 주지는 않는다. 응급 환자나 일반 환자 모두 진단과 처방이라는 프로세스에 따라 진행한다. 괄호 속에 있는 것이 설비관련 활동으로 누구나 병으로 인해 병원을 가본 경험이 있으므로 병원에서의 활동과 관련지어 설비관리를 이해하면 쉽게 무병장수의 방향과 전략을 잡을 수 있다.

병원에서 하는 일은 진단과 처방으로 크게 나누어진다. 진단은 간이진단과 정밀진단으로 구분되며 간이진단은 의사의 오감에 의해 환자 상태를 체크하는 것이다. 눈으로 보고, 청진기로 환자 몸에서 나오는 소리를 듣고, 손으로 맥박 수를 재기도 하고, 간이 체온계로 환자의 체온을 재기도 하고, 환자 몸의 냄새를 맡아보기도 한다. 그렇지만 간이 진단에서 나온 자료만으로 쉽게 처방을 내리지 않고 미심적은 부분은 계속적으로 정밀진단 과정을 지속적으로 한다. 이럴 경우는 인체 질병을 정밀 측정하는 고가의 진단장비가 필요하다.

병원에서의 정밀진단장비는 다음과 같다.

- 초음파진단기
- 디지털/일반 엑스선촬영기
- 혈관 조영장치

- 투시 조영장치
- 전산화 단층 촬영장치
- 자기 공명 영상장치
- 유방촬영기
- 분자영상(핵의학)장치
- 비뇨기 진단엑스선 진단장치

치료의 목적을 가진 주치의는 환자의 증상에 알맞은 진단장비에 의해 나온 영상 혹은 수치 데이터를 보면서 그동안 겪었던 여러 환자와의 경험과 지식을 바탕으로 해석하여 환자의 무병장수를 위해 처방을 내린다. 수술이 필요하면 외과 의사를 통해 수술하거나, 약으로 나을 수 있다면 투약하도록 의약분업 정책에 따라 약사와 협업하고 환자가 휴식을 통해 치료할 수 있다면 당분간 쉬면서 건강을 환자 스스로 회복도록 처방하고 있다.

현대 의학에서는 진단기기와 소프트웨어의 발달로 의사의 큰 역할은 수술하는 외과 의사에서 병을 진단하는 내과 의사의 영역으로 옮겨지게 되었다. 이러한 관점에서 진단의 중요성은 점점 강화되어 병원의 역할은 진단 중심으로 기능이 개편되고 고가의 정밀진단 장비를 보유한다는 것 자체가 병원이 환자를 확보하는 홍보 전략으로 바뀌고 있다.

그림 1-6과 같이 진단/처방 PI(프로세스혁신)의 의미하는 바는 다음과 같다.

- 진단과 처방의 비율이 20:80에서 80:20으로 바뀌었다.
- 간이진단과 정밀진단의 비율도 80:20으로 생각하면 간이진단(점검)은 무병장수의 기본적 활동이다
- 간이진단과 정밀진단의 데이터가 종이나 서로 다른 DB에서 관리되던 것이 통합되어 컴퓨터 한 화면을 통해 한 번에 환자의 상태를 볼 수 있게 되었다.

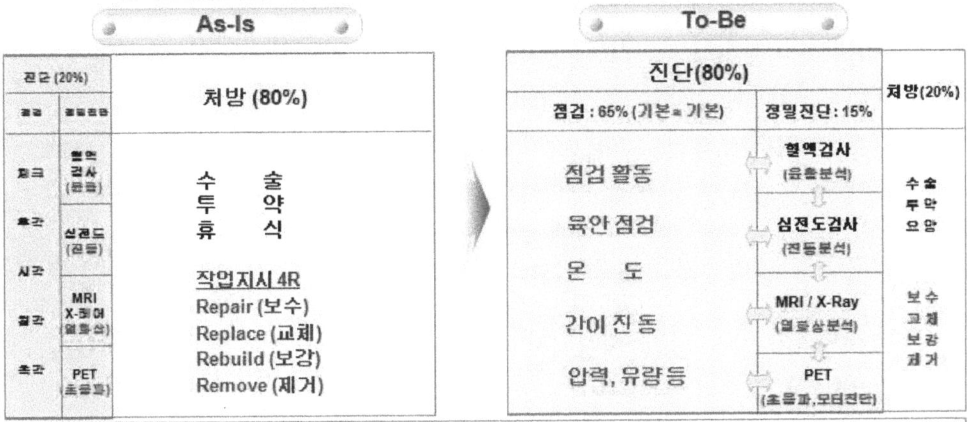

As-Is

진단(20%)

처방 (80%)

수 술
투 약
휴 식

작업지시 4R
Repair (보수)
Replace (교체)
Rebuild (보강)
Remove (제거)

To-Be

진단(80%)

점검 : 65% (기본=기본)

정밀진단 : 15%

처방(20%)

점검 활동
육안 점검
온 도
간이 진동
압력, 유량 등

혈액검사 (윤활분석)
심전도검사 (진동분석)
MRI / X-Ray (열화상분석)
PET (초음파, 모터진단)

수술
투약
요양

보수
교체
보강
제거

- 처방중심 프로세스에서 진단중심에의 패러다임 변화(Paradigm shift)rk 절실하며, 간이 진단(오감+간이 진단장비에 의한 점검)이 설비나 인간에게 無病長壽 목적에 중요한 요소
- 병원 건강진단 프로세스에서 환자에게 간이진단 없이 정밀진단을 하지 않는 것처럼, 설비 진단에서도 간이진단 없이 정밀진단만으로 고장에 대한 처방은 비효율적임

그림 1-6 진단/처방 PI(프로세스혁신)

- 주치의의 기능은 진단의학과에서 올라온 혹은 환자가 다른 병원에서 진단한 데이터를 통해 그동안 임상실험, 혹은 치료 경험을 통해 처방한다.
- 주치의는 가능하다면 후유증이 있는 수술이나 투약보다는 스스로 자연 치료될 수 있는 식이요법 등을 추천한다.
- 주치의는 완치를 위해 무조건 진단 데이터에 의하지 않고 환자와 대화를 가지는 등 원활한 소통을 통해 근원적으로 병을 치료하여 명의가 된다.

이를 설비관리에 적용하면 그림 1-6과 같다.

- 제조업 설비관리는 지금까지 고장이 생기면 무조건 고치는 Repair(보수), Replace(교체), Rebuild(보강), Remove(제거)의 4R 입장의 활동으로서 예산 낭비와 생산성 및 품질 손실 등의 가치를 잃어버렸다. (이는 외과의사가 의사의 대명사였다가 예방 의학 측면에서 진단장비의 발전과 더불어 내과 의사가 주치의를 하는 상황과 비슷하다.)

- 설비가 고도화되며 자본투자의 비중이 높아지게 됨으로서 단순 수리의 폐해를 극복하는 방법으로 진단의 기법이 도입되었다.
- 정밀 진단장비보다는 기본에 충실한 점검(간이 진단)의 중요성 인식은, 고장의 80~95%를 사전에 방지하는 효과가 있다.
- 말 못하는 설비(Machine)와 현장요원(Man)사이의 문제가 진단기술의 발전에 따른 정보기술(Information Technology)과 통신기술(Communication Technology)에 따라 해결되기 시작했다. 이를 요즈음에는 정보통신(ICT)기술이라고 호칭하고 있다.

2.1 제조업 CEO 설비관련 고민

2.2 제조업의 설비관리 문제점

2.3 운전과 정비의 체크리스트

2.4 하인리히 법칙

2.5 인간이 초대한 대형 참사

Chapter 2

설비관리의 고통스런 현실(As-Is)

2.1 제조업 CEO 설비관련 고민

제조업의 최고경영자들의 업무는 대개 다음과 같이 대별된다.

- 리스크 관리
- 비용 절감
- 재무구조 선순환 변화
- 고객 관계 관리
- 인수 합병 및 분사
- 공급망 재정비

이중에서 설비관리 고장과 관련한 사항은 리스크 관리, 비용절감, 재무구조 변화에 직접 혹은 간접적으로 긴밀히 연결되어 최고경영자들의 다음과 같은 고민에 대한 해결방안으로 본서는 다음과 같이 Smart Factory를 제시하고자 한다.

1. 제조 설비로 인한 안전, 품질, 에너지, 환경에의 가치(Risk, Quality, Cost) 성과 지표를 올바르고 민첩하며 유연한 의사결정을 위해 한눈에 볼 수는 없을까?

2. 설비의 무병장수를 통한 비용을 지속적으로 절감할 수는 없을까?

3. Smart Factory 관점에서 사람과 설비와의 원활한 소통이 가능할까?

4. 설비관리를 획기적으로 혁신할 인재양성 방안은 무엇일까?

5. 고장에 따른 야간, 휴일 비상근무를 없애면서 평소에 업무 집중력을 향상시킬 방안은 없을까?
6. 단순한 운전과 정비의 최적화가 아닌 평생 관점에서 비용 최적화가 가능할까?
7. 설비 건강 상태를 한눈에 파악하고 글로벌 공장별로 상태 비교가 가능할까?
8. 신규 투자 대신 기존 설비 효율을 높일 수는 없을까?
9. 설비관련 리스크와 비용이 정량적으로 실시간으로 보여 질 수는 없을까?
10. 글로벌 관점에서 온실가스(에너지) 저감 대책이 가능할까?
11. 재고비용, 정비비용, 외부 서비스 비용이 적정한가?
12. 제품과 서비스를 융합하여 우리 회사만의 독창적인 고부가가치 비즈니스 모델이 가능할까?

2.2 제조업의 설비관리 문제점

그동안 한국의 제조업은 선진국의 일등 기업을 추격(Fast Follower)하는 전략을 구사하였다. 기능과 성능인 스펙(Specification)을 따라가고 가격을 저렴하게 하여 세계 시장에서 점진적으로 성공하였다. 이러한 전략의 중심에는 제품의 스펙 가치 중심이 존재하였다.

그러나 이 전략은 기존의 전통 제품 시장에서는 강점이 있으나 신제품 시장에서 통하지 않는다는 것이다. 여기까지 한국 제조업이 자리 잡기에는 노동가치가 많이 희생되었고 정부 정책자금의 지원 아래 무조건 비싼 설비를 해외에서 도입하여 설치하고 제품을 일단 만들어 저렴하게 파는 전략이 통용되었다. 시대가 바뀌면서 원자재 구매 가격 폭등 및 노동가치의 변화에 따른 갈등 양상으로 제조업 입장에서 확실한 생존전략에 대한 대안을 제시해 주는 분야가 설비관리라고 외국의 최고경영자들은 입을 모으며 전폭적인 지원을 하고 있다.

한국 제조업의 현재 문제점을 4M(Man, Material, Machine, Method) 입장에서 정리해보기로 한다.

1) Man

- 생산관련 엔지니어 혹은 현장 직원들은 자신만의 고유한 기술을 숨기고 비밀 매뉴얼을 혼자 관리하는 그릇된 태도를 보이고 있다. 이는 경영자 혹은 관리자로 하여금 자신의 존재 이유를 알리고 함부로 권고 사직하지 못하게 하려는 자기 보호 본능에서 비롯되며 고려청자의 비법이 오늘날 완전히 전수되지 않는 것과 맥을 같이 한다.
- 새로운 설비를 새로 설계할 때에는 그동안 운영해 보았던 많은 시행착오와 실패경험이 설계에 반영되어야 하나 설계부서에서는 정해진 일정과 예산, 소통의 문제로 인해 동시공학(Concurrent Engineering)적으로 접근해야 함에도 불구하고 최종적으로 운영해야 할 생산부서의 의견을 무시한다.
- 신 설비 도입 시 완벽한 성능을 위해 교육 훈련이 전제되어야 하나 현실은 그렇지 않다.
- 자기만의 독특한 기술로 치부하여 부하직원을 키우는 마인드가 부족하다. 간부들이 부하직원들에게 기회나 위임을 주는 것이 중요하다. 현재 사회에서는 전문가가 되기 위해서 자신의 노력도 중요 하지만 조직이나 주위 사람들의 도움 없이는 불가능하기 때문이다. IMF 이후 기술 인재

양성이라는 전통이 사라지고 기업들은 손쉬운 경력사원을 선호하기 시작하면서 팀워크가 약해지고 기업의 전문지식의 생태계가 많이 취약해졌다. 현재 40대 이상의 간부 엔지니어들은 후배들을 경쟁상대로 보지 말고 위임과 기회를 줘야 한다.

- 일의 효율적 측면만을 생각하며 머리로 고민하기 보다는 과중한 업무를 상부에 강력히 보고하여 여유 있는 인원 체제를 유지하는 경우가 있다.
- 간부와 후배 엔지니어 사이에 강한 계급의식으로 인해 소통에 지장이 있다.
- 설비관리 의사(Machine Doctor)로서 설비상태를 예측하는 기술이 상당히 부족하다.
- 고장 수리와 관련하여 표준 작업시간 및 인원관리에 대한 데이터 없이 주먹구구식인 경우가 비일비재하다.
- 여유(Stand-by) 설비 보유로 고장에 대한 걱정 없이 혹은 고장 원인을 근본적으로 조사하여 재발 방지를 하는 근본 의식이 부족하다.
- 고장에 대한 문제의식으로서 고민하는 시간보다는 보고 및 관리 자료를 만드는 컴퓨터 업무가 과다하다.

2) Material

- 운영 기자재 혹은 진단기기의 호환성이 없어 다양한 예비 부품이 존재한다.
- 부자재의 과다 보유로 인해 창고 면적을 확충해야 하는 경우가 있다.

3) Machine

- 설비 운전과 정비에 따른 각종 데이터가 분산되어 있어 필요시 제대로 볼 수 없는 상황이다.

- 자기 고유 관리 설비(My Machine)측면에서 자주 관리의 표준화와 프로세스가 없다.
- 설비의 이상을 감지하는 최소한의 간이진단 장비가 없어 정량화된 상태 데이터를 구축할 수 없다.
- 반복되는 동일 고장에 대한 근본원인이 분석되고 있지 않다.
- 정비와 관련한 필요한 데이터베이스가 부족하다.
- 생산부서와 진단기기의 미공유로 인해 설비상태 데이터 축적에 서로 다른 데이터를 만들고 있다.
- 설비 상태에 대한 예측정비 전략이 없어 방향성을 잃고 혼란스러운 상태로 일관한다.

4) Method

- 작업 표준서 등 각종 표준이 업데이트 되지 않아 무조건 진행 시 문제가 발생한다.
- 정비요원이 1인 1기술 체제만을 고집해 복합문제 발생 시 유연한 대처가 불가하다.
- 번역 비용 및 전문가 부재로 인해 선진 수준의 매뉴얼이 존재치 않아 설비에 대한 정보가 완전하지 않다.
- 고장의 80% 이상을 방지하는 정기적 점검은 급하지 않거나 중요하지 않은 일로 간주해 뒷전으로 밀린다.
- 설비자산에 대한 원가 의식 교육이 없어 고정 설비자산의 관리 개념 자체가 부족하다.
- 그동안 시행착오를 겪으며 자체 개발한 수리, 청소, 진단기기 등의 전문장비 개발 욕구가 없어 고부가가치 경험 시장이 사장되고 있다.
- 종합 정보 수집 및 데이터 공유와 소통 부재로 전체적 설비관리의 중요성이 간과되고 있다.

글로벌 관점에서 한국 제조업이 자동차, 전자, 제철 등 전 산업분야에서 만개하여 새로운 돌파구가 있어야 하는 시점이다. 국내에서뿐 만 아니라 해외 공장 건설이 글로벌 기지화 하고 있어 공장을 짓는 엔지니어링 기술이 절실히 요구되는 상황에 있다.

한국 건설 수출 사상 최고 실적 중의 하나인 UAE 원전의 경우 건설뿐만 아니라 시험운전과 운영, 정비 단계까지의 기술적 요구가 입찰에서 부터 요구되었고 운영단계의 기술적 능력이 공급자 선정의 주요 인자가 되었다.

한국 제조업의 핵심역량은 대규모 공장 설비를 자체 설계기술에 의한 공급보다는 자본재 수입 측면에서 큰 부담을 안고 고가 제조설비 수입을 통하여 생산성 향상을 하는 공정 관리적 측면에서 부가가치를 창출하여 성장했다. 그렇지만 시대의 요구는 엔지니어링 측면에서 설계, 구매, 건설 등과 함께 운영과 정비 측면까지의 평생 관리의 통합화가 필요한 시점이다. 이러한 시대적 상황의 문제점을 구체적으로 정리해 보자.

- 제조원가를 확실하게 절감할 수 있는 프로세스가 없었고 TPS(Toyota Production System), Six Sigma, VE(Value Engineering) 등의 혁신 기법을 도입한 최고경영자가 퇴진할 경우 지속되지 못하는 경향이 있다.
- 성과와 보상 중심의 경영 시스템이 구축되어 있지 않아 현장 엔지니어로 하여금 동기 부여가 미흡하다.
- 설비관리에 대한 핵심성과지표(KPI : Key Performance Indicator)가 성과 위주로 보다는 관리 위주로 되어 있다.
- 가치를 창출하는 엔지니어의 확보, 양성 및 의사소통에 문제가 있다.
- 근무 시간 단축과 집중력을 향상시킬 성숙한 업무문화가 미흡하다.
- 설계 측면의 엔지니어링을 제외한 해외에서의 공장설비 도입을 통한 건설, 운영과 정비의 경험, 축적된 지식은 아직 체계적이고 표준화 되어 있지 않으나 UAE 원전에서의 O&M 서비스 비즈니스 모델 수출처럼 시스템적으로

전환될 경우 고부가가치 수익 모델로 전환할 수 있다.

- 지속적인 국내외 공장 건설에 따른 퇴직 및 현직 엔지니어의 데이터베이스가 없어 실제 긴급 상황이 발생할 경우 해외 엔지니어를 고비용으로 수급할 수밖에 없다.
- 공장 건설에 체계적인 로드맵을 갖고 추진한 것이 아니라 예산과 기간을 맞추는 임기응변식 공장 건설로 선진국의 다양한 설비로 운영되어 O&M을 획기적으로 감소시킬 수 있는 운영의 방법론이 구축되어 있지 않다.
- 공장 설비의 조속 구축 및 생산으로 설비자산의 최적 운영 개념을 설계 초기 단계부터 반영하지 못하고 있다.
- 공장 준공 후 생산에만 온갖 신경을 쓰는 단계에서 설비마스터 구축 등 운영을 위한 프로세스 및 프로그램 구축을 위해 많은 인적, 물적 자원이 소요된다.
- 설비 신뢰도 향상 및 정비 체계 선진화를 위한 프로세스 및 프로그램이 건설 초기 단계에서 구축되지 않아 몇 배의 비용과 시간이 드는 난맥상을 보이고 있다.
- 해외 공장 건설에 따른 시험운전, 운영과 정비 요원이 비계획적으로 국내에서 차출되어 체계적 성과를 내는 측면에서는 상당히 비효율적이다.
- 설비관리의 가장 기초가 되는 설비마스터, 기기 중요도 분류 등 데이터베이스 품질이 신뢰할 만한 수준이 못되고 있다.
- 설계 기반문서가 구축되어 있지 않아 체계적 형상관리가 미흡하다.
- 설비 신뢰도 향상, 정비체계 선진화, 리스크 정보 활용 등이 각부분별로 별도 추진되어 통합 연계가 미흡하다.
- 공장별/ 산업별 선진 엔지니어링 프로그램/프로세스 구축과 이행 편차가 심하며 전사적 표준화와 조기 정착을 위한 동기부여가 미흡하다.
- 운영과 정비에 대한 정보를 자동으로 취득하는 경우는 데이터 신뢰도가 확

보되나, 현장요원에 의한 측정 및 점검에 의한 데이터를 취득할 때는 취득과 항목에 대한 표준화를 통한 데이터 신뢰성 확보가 전제되어야 하지만 현실은 상당한 격차가 있다.

- 설비 기본 데이터의 신뢰성이 미확보되어 기기 분류에 따른 정비방법의 차등 적용, 기기 고장 예측 프로그램 운영 시 제약이 많아 쉽게 분석 및 확인할 방법에 난관이 따른다.
- 원자력 발전 등과 같은 안정성을 최우선으로 하는 설비는 설비 개선, 통합 시스템 개발에 제약이 있지만 나머지는 개별 프로그램을 부서나 일부 소수의 필요에 따라 분리하여 운영하고 있는 상황으로 설비 중심으로 통합적 개발이 절실히 요구된다. 통합운영에서는 해당 프로그램의 링크 수준을 넘어서 데이터의 통합, 우선순위, 효과적인 정보 제공과 중복부분의 삭제 등이 필요하다.
- 원전과 같은 특수한 경우 제어는 소프트웨어의 특성상 확신과 검증이 명확지 않아 감시까지 통합할 필요는 없으나 타 제조업의 경우는 통합 감시와 제어(Integrated Monitoring & Control)가 앞으로 바람직한 방향이다.
- 지금껏 비즈니스 프로세스 측면의 혁신 작업은 많았으나, 제조업의 가장 기본이 되는 운영과 정비변수를 효율적으로 관리하기 위한 프로세스의 혁신 작업이 필요하다.
- 비능률적인 종이 서류 작업, 표준화 미비 등 업무 효율 저하 요인을 분석하고 개선해야 한다.
- 신뢰성 있는 데이터를 축적하기 위한 관련 진단장비, 분석 장비, 입출력장비 등의 보강과 표준화가 필요하다.
- 설비진단과 분석기술 발전에 따른 선진기술 교육 강화를 통해 자체 인적 수행 능력을 높여야 한다.
- 오감에 의한 정성적 데이터를 정량적 데이터로 바꾸고, 표준 분류 체계를 적용해야 한다.

- 기술 속성과 시간의 미연계 부분을 연결토록 하는 내부적 기술혁신 작업이 필요하다.
- 시간 되면 무조건 교체하는 시간중심정비(TBM: Time Based Maintenance)에서 상태중심정비(CBM: Condition Based Maintenance)를 복합적으로 추진하는 전략적 시행이 필요하다.
- 필요할 경우 자료를 분석하는 상황에서 상시 자료 분석 시스템의 도입이 필요하다.
- 많은 시간을 낭비하는 보고서 수기 작성을 보고서 자동 생성으로 전환하여야 한다.
- 예측정비, 예방정비 및 활동, 정주기 시험, 운전변수 계측기 교정이력관리 시스템, 온라인 진동감시 등의 개별 프로그램이 독립적으로 운영되어 비효율적인 설비감시와 고장원인 파악이 어렵다.
- 데이터의 상당수가 종이 매체로 저장되거나 협력사에 보관되어 데이터 활용이 어렵다.
- 생산 효율의 지속적 개선 요구가 증가하고 있다.
- 수율 향상 및 데이터 분석을 위한 신뢰성 있는 현장 데이터의 요구가 증대하고 있다.
- 품질 향상을 위한 주요 품질인자의 실시간 모니터링 요구가 증대하고 있다.
- 생산성 향상을 위한 설비장애 상황 실시간 모니터링 요구가 증대하고 있다.
- 개발자에 대한 의존 최소화 및 인터페이스 표준화 및 시스템화가 요구되고 있다.
- 시스템 확장 및 변경에 대한 유연성 확보가 점증하고 있다.
- 대량 및 대용량 데이터에 대한 안정적인 처리가 요구되고 있다.
- 현업 요구 사항에 대한 즉각적이고 손쉽게 대처할 수 있는 시스템이 요구되고 있다.

2.3 운전과 정비의 체크리스트

아래 사항에 대해 각 회사는 어떤 위치에 있는지 체크해 보면 문제점이 나타난다.

1. 운전부서와 정비부서는 분리되어 갈등 관계를 맺고 있는가 아니면 일체화되어 있는가?
2. 퇴직과 함께 사라지는 지식, 기술, 경험을 보전하기 위한 프로세스가 개발되어 있는가?
3. 협동, 팀 분위기, 동료애, 아이디어 공유에 대한 개선 프로세스가 있는가?
4. 엔지니어 개별 의존도를 축소하고 시스템화가 되어 있는가?
5. 기술 숙련도 및 업무 성과에 대한 포상 시스템이 구축되어 있는가?
6. 세계 최고에 대한 벤치마킹이 지속적으로 수행되는가?
7. 고장에 대한 근본 원인분석(RCA: Root Cause Analysis) 제거 문화가 정착되어 있는가?
8. 문제점 정의 및 해결 능력이 정착되어 있는가?
9. 수리요원의 문제 해결 능력이 개선되고 있는가?
10. 설비관리와 관련한 실제 업무의 표준이 제정되고 문서로 만들어져 있는가?
11. 상태기반정비(CBM)에 대한 중요성 인식과 실행이 되고 있는가?

12. 신뢰성의 개념이 설비, 가치, 문화, 소통, 조직, 의사결정구조까지 적용되고 있는가?

13. 데이터의 존재 유무뿐만 아니라 목적에 따른 활용이 제대로 되고 있나?

14. KPI 작성 목적이 활동보다는 가치에 치중하고 있는가?

15. 리스크, 신뢰성, 비용 효과성이 균형을 이루고 있는가?

16. 설비관리의 최고 가치는 안전이며 기타 가치(품질, 생산성, 환경, 에너지, 비용 등)들이 지속적으로 향상되고 있는가?

17. 기본 전략에 따라 프로세스가 결정되고 있는가 아니면 프로세스에 따라 방향이 정해지는가?

18. 예비품 재고관리가 제품 재고관리보다 더 어렵다고 생각하고 고장 돌발시를 대비하여 고장 예비품에 대한 안심 재고를 과다 보유하고 있지 않은가?

19. 정비부분이 Cost Center가 아닌 Profit Center로의 인식 전환이 되고 있는가?

20. 설비에 대한 주인의식(Ownership)이 확고한가?

21. 현장 엔지니어가 ROCE, RONA, EBIT등 재무적 관점의 용어를 이해하고 있는가?

22. 탁월한 운영(Operational Excellence)에 대한 인식을 공유하고 있는가?

- 명확한 비전의 존재
- 이벤트나 프로젝트가 아닌 멀고 먼 여정(5~10년)이라는 인식
- 측정 가능하고 강건한 프로세스
- 최고 경영자에 의한 톱다운 관심과 격려

- 활동과 자원의 우선순위 부여
- 사람에 대한 최우선 순위 인식
- 지속 가능한 개선과 실질적 가치 확보에 대한 확고한 인식

23. 신 공장 설계 시 현장 엔지니어의 참여를 통해 경험과 지식을 반영하는가?
24. 무조건적 저가 구매가 아닌 설비신뢰성을 유지하고 성능에 따른 가중치를 적용하는 구매 정책을 시행하는가?
25. 역할과 책임(Role & Responsibility)이 문서화 되어 있는가?
26. 고장 이후인 FMEA(Failure Mode and Effects Analysis)와 고장 이전인 RCM(Reliability Centered Maintenance) 기법에 따라 동일 고장이 재발치 않는 프로세스가 있는가?
27. 개선 기회를 비즈니스, 재료, 조직, 프로세스에서 각각 발견하는가?
28. 지속적 개선에 따른 챔피언, 코칭, 리더의 역할과 책임이 명확히 규정되어 있는가?

2.4 하인리히 법칙

하버드 윌리엄 하인리히는 미국 해군장교를 거쳐 보험회사에서 산업재해 감독관으로 근무했다. 1930년대 초 현장에서 매일 많은 사고를 접하며 그 사고들 사이에는 어떤 상관관계가 있는지가 궁금하여 보험회사에 접수된 5만 여 건에 이르는

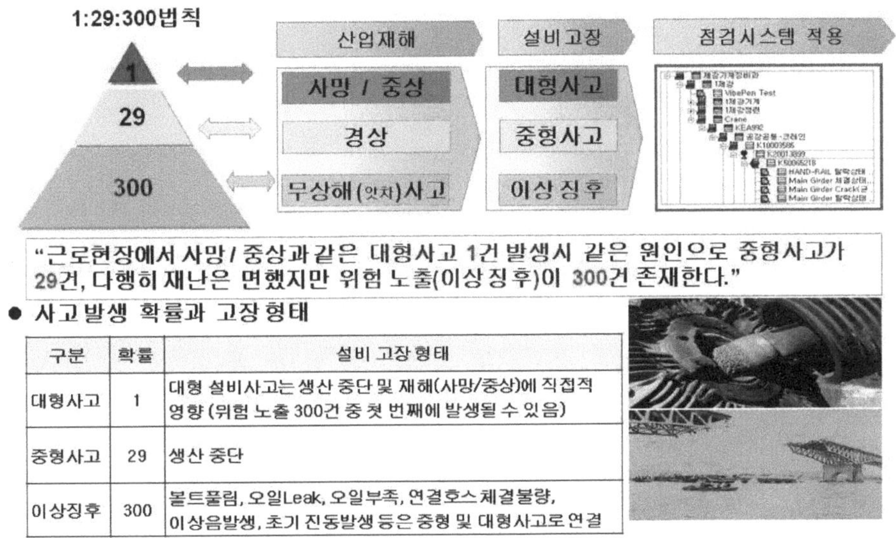

구분	확률	설비 고장형태
대형사고	1	대형 설비사고는 생산 중단 및 재해(사망/중상)에 직접적 영향 (위험 노출 300건 중 첫 번째에 발생될 수 있음)
중형사고	29	생산 중단
이상징후	300	볼트풀림, 오일Leak, 오일부족, 연결호스 체결불량, 이상음발생, 초기 진동발생 등은 중형 및 대형사고로 연결

그림 2-1 하인리히 법칙

사고를 면밀히 조사한 결과 다음과 같은 결론을 얻었다.

"근로현장에서 사망이나 중상과 같은 대형사고 1건 발생 시 그와 동일한 원인으로 중형사고가 29건, 다행히 재난은 면했지만 위험 노출된 이상 징후가 300건 존재한다."

이를 '1:29:300법칙' 또는 그의 이름을 붙여 '하인리히 법칙'이라 불리는 이 법칙은 처음에는 근로재해의 범위에서만 사용되었으나 최근에는 분야에 상관없이 재난이나 위험 혹은 실패와 관련한 법칙으로 널리 쓰이고 있다. 이 법칙에 의하면 대형 사고는 결코 누구도 예측하지 못하는 어느 한순간에 갑작스럽게 오는 것이 아니다. 사고가 일어나기 전에 일정 기간 여러 번의 경고성 징후가 나타난다.

중국 쓰촨 성에 2008년 5월 12일 7.8의 강진으로 인해 30만 명이 죽었다. 이 강진 전에 많은 전조 현상이 있었다. 15일 전 부터 인근의 우물물이 갑자기 수위가 높아지고 강물이 뜨거워졌으며 수십만 마리의 두꺼비가 집단 이동하는 장면이 목격되었다. 그리고 대형 지진이 발생하였다. 지진 등 자연 현상뿐만 아니라 사회적 현상도 마찬가지이다. 교통사고가 잦은 곳에서는 조만간 대형사고로 이어진다. 범죄도 마찬가지이다. 경미한 범죄가 자주 발생하면 조만간 강력 범죄로 연결된다. 이를 우리는 '깨진 유리창의 법칙'이라 한다.

일본 도쿄공대 하타무라 요타로 교수는 '실패학의 권유(2000년)'에서 한국의 와우아파트, 삼풍백화점 붕괴, 일본 JOC원자력발전소 사고 등을 인용해 하인리히 법칙을 설명하였다. 아울러 경미한 사고들을 철저히 대응하고 앞서 수많은 이상 징후를 놓치지 않는 것이 관리자, 감독자의 책임이며 그래야만 실패를 되풀이 하지 않는다고 권유하였다.

이를 설비관리에 적용하여 보자. 대형 설비고장은 생산 중단 및 사망 또는 중상과 관련한 인명 재해에 직접적 영향을 주는 것으로 이는 위험노출 300건 중 첫 번째 발생될 수도 있다. 중형 고장은 생산 중단을 가져올 수 있는 것이며, 이상 징후는 볼트풀림, 오일리크, 오일부족, 이상음 발생, 연결호스 체결불량, 초기 진동 발생 등 설비가 고장으로 가는 초기 징후 현상이다. '호미로 막을 일을 가래로 막는다.'라는 속담이 있다. 감기는 휴식 혹은 간단한 치료로 빨리 회복하지 않으면 폐렴 등의 큰 병으로 이어져 회복에 시간과 금전적 손실을 부담하는 격이다.

이러한 실증적 적용이 포스코 광양제철소에서 2005년 실행되었다. 그동안 체크시트 및 수첩 메모로 이루어지던 현장설비에 대한 점검을 PDA(Personal Digital Assistant: 휴대형 단말기)로 대체하면서 점검을 시범적으로 실시한 결과 2개월 만에 2000여건의 위험요소를 발견하여 1200건을 조치한 것은 하인리히 법칙으로 설명하면 4건의 대형 고장을 사전에 방지한 효과를 가져와 현장 점검자들이 현대 의학 체계에 중요한 자리를 차지하는 가정의(家庭醫) 역할과 동일시되는 결과를 가져왔다.

이제는 IT 기술의 첨단을 이용한 스마트폰을 전체 현장 직원이 이용토록 함으로써 스마트시대에 알맞은 스마트 엔지니어로서 사전 고장 예방을 통한 설비의 무병장수에 기여하고 있다.

당시의 현장 엔지니어의 목소리를 직접 정리하였다.

- "PDA에 부담을 갖지 말자! 대형 양판점에서 상품 재고관리 하는 부녀사원들이 쓰는 것처럼 자연스럽게 받아들이자!"(새로운 기술 및 장비 도입에 대한 엔지니어의 거부감이 항상 있었기에 사전 교육을 철저히 하여 실행하였다)
- "PDA는 점검자의 자율적인 일상점검 도구로서 1년에 한 번 볼까 말까한 설비를 점검하여 2건의 대형 고장을 사전에 발견했다."
- "조직 중심에서 설비 중심으로 현장요원들의 사고가 긍정적으로 변화되어 '가야할 길'이라고 확신하고 있다."
- "설비관리의 기본은 점검이며(그동안 바쁘다는 핑계로 점검은 후 순위였다) 이로 인해 고장의 80~95%는 사전에 방지할 수 있다."(30년 현장 엔지니어)
- "6시그마 등의 혁신을 하려 해도 설비에 대한 신뢰성 있는 데이터가 없는 것이 현실이다."

2개월간 시범 사업에 대한 내부 결론에 따라 전사적으로 확장되었으며 관리자의 결론은 다음과 같다.

- 대형 사고를 사전에 방지키 위한 설비 개선과 안전 교육 등 근본적인 원인 해결이 필요하다.
- 이를 위해서는 사고의 작은 원인부터 발견하여 해결해 가는 노력이 필요하다.
- 불합리를 조속히 적출하여 해결하면 그만큼 기회 손실이 적어진다.
- 이러한 활동을 전사적으로 수행하여 필요한 정보를 수시로 공유하고 현장에서 발생하는 불합리를 가장 먼저 알 수 있도록 시스템화 하여야 한다.
- 책상에서 생각지 말고 '즉시 현물을 보고, 즉시 현상을 확인해서, 즉각 현장에서 응대하는 원인추적 및 조치를 한다.'라는 3즉 3현을 행하는 것이 무엇보다 중요하다.

2.5 인간이 초대한 대형 참사

'인간이 초대한 대형 참사'라는 책을 쓴 제임스 차일스는 1788년부터 최근까지 자연 재해가 아닌 인간에 의해 발생한 사고들을 다루고 있다. 원래 설비라는 광의의 개념인 Physical Asset으로서 건축물, 다리 등도 포함하고 있으나 여기에서는 공장, 비행기, 배등 Machine측면에서만 정리해 보기로 한다.

Machine과 관련한 중요한 설비 사고 및 결과는 다음과 같다.

- 증기선 설타나 호의 보일러 폭발로 인한 침몰(1865년 미국): 1800명 사망
- 듀폰 다이너마이트 공장 폭발(1884년 미국): 5명의 듀폰일가 사망
- 미 군함 메인 호 폭발(1898년 쿠바 하바나): 260명 승무원 사망
- 리베르떼 호의 폭발(1911년 프랑스 뚤롱항): 285명 사망
- 타이타닉 호의 침몰(1912년 대서양): 1513명 사망
- 화물선 몽블랑 호의 침몰(1917년 캐나다 핼리팩스 항): 2000명 사망
- BASF 비료공장 폭발(1921년 독일 오파우): 노동자 및 주민 560명 사망
- 영국 비행선 R101 추락(1930년 프랑스 보베인근): 48명 사망
- 미국 독립학교의 가스 폭발(1937년 미국 텍사스주 뉴런던): 학생과 교사 298명 사망
- 영국 잠수함 테티스 호의 침몰(1939년 아일랜드 오프웰쉬 해안): 99명 사망
- 비료 운반선 폭발(1947년 미국 텍사스 주 텍사스시티): 468명 사망

- 여객기 코멧1호의 폭발(1954년 대서양상공): 56명 사망
- 잠수함 싸고 호의 화재(1960년 미국 하와이 진주만): 1명 사망
- 드레셔 호의 침몰(1963년 대서양): 129명 사망
- 탄산제조회사 폭발(1969년 헝가리 레프첼락): 연구원 5명 순간적 드라이아이스화로 사망
- 우주선 아폴로 13호 산소탱크 과열(1970년 지구 떠난 55시간째): 귀환 시까지 전 세계인의 초미 관심사
- 이스턴 항공 여객기 L-1011기 추락(1972년 미국 플로리다): 101명 사망
- 터키항공 DC-10 여객기 추락(1974년 프랑스 에르메노빌): 346명 사망
- 반카오와 시만탄 댐 붕괴(1975년 중국 헤난): 62개댐 연쇄 붕괴로 26,000명 이상 사망
- 쓰리마일 아일랜드 원자로 2호 사건(1979년 미국 미들타운): 인명피해 없으나 40억불 손실
- 해양석유시추선 알렉산더 케일랜드 호 전복(1980년 북해): 123명 사망
- 석유시추선 오션레인저 호 침몰(1982년 대서양 그랜드뱅크): 84명 승무원 사망
- 유니온 카바이드 사의 유독물질 방출(1984년 인도 보팔): 약 7000명 사망
- 갤럭시 항공 엘렉트라 2호기 추락(1985년 미국네바다주 리노): 70명 사망
- 영국 737 여객기 이륙 중지 후 화재(1985년 영국 맨체스터): 55명 사망
- 우주왕복선 챌린저 호 공중폭발(1986년 미국 플로리다): 7명 사망
- 체르노빌 원자력 4호기 폭발(1986년 러시아 우크라이나): 약 10,000명 사망
- 영국 737 여객기 추락(1989년 영국 케그워스 인근): 47명 사망
- 로다항공 767 여객기 추락(1991년 태국 방콕): 223명 사망

- 밸류제트 DC-9 여객기 추락(1996년 미국 플로리다): 110명 사망
- 페루항공 757 여객기 추락(1996년 페루 연안 태평양): 68명 사망
- 화성 기후탐사 미국 우주선 실종(1999년 화성부근): 탐사선 행방불명
- JCO 우라늄 처리공장 방사능 유출(1999년 일본 토카이마루): 3명 오염 1명 사망
- 미 우주선 실종(1999년 화성 표면): 센서 오동작으로 착륙 프로그램 조기 동작 후 실종
- 에어 프랑스 콩코드 추락(2000년 프랑스 파리 드골 공항): 113명 사망
- BP 딥워터 호라이즌 석유시추선 폭발(2010년 멕시코만) 11명 사망 약 260억불 손해 배상

사례를 하나씩 살펴보면 결론은 구조적 문제가 누적되어 있는 상황에서 기계의 이상 작동과 인간의 실수가 만나는 순간, 대형 참사는 반드시 일어난다는 것이 공통된 특징이다. 역사적으로 다른 시간, 지구상 다른 공간임에도 불구하고 사람들은 똑같은 실수를 저지르고 그 실수에 대해 똑같이 대응함으로써 결과는 똑같은 참사가 되풀이 되고 있는데 이런 되풀이 참사를 끊을 수 있는 방안 제시가 이 책의 저술 의도이다.

고강도의 공업기술의 안정성은 설비의 일생 즉, 설계-구매-건설(EPC), 일상 운전과 정비(O&M) 및 폐기를 거치는 과정에서 한 부분이라도 약해지면 전체가 약해지는 리비히 효과가 나타난다.

특히 운전과 정비부분은 재해를 끌어들이는 출입구로서 평생 시스템의 가장 취약하다. 그 이유는 인간이 직접 공구를 사용하여 수리하고 점검하는 활동으로 전산화 할 수 없는 부분이며 인간에 의한 판단 잘못 및 실수가 대형 사고의 큰 역할을 한다.

저자인 제임스 차일스가 실증적으로 분석한 대형 참사의 원인에 대한 저자가 제안하는 대응방안은 다음과 같다.

- 대형 참사는 누적된 요인들이 모여서 일어난다. ⇒ 작은 원인을 미리 발견해 호미로 막자
- 최신 설비를 구태의연한 방법으로 다룬다. ⇒ 프로세스 혁신으로 무병장수 방법을 찾는다.
- 눈으로 확인치 않고 멋대로 결론 낼 때 사고가 난다. ⇒ 현장을 반드시 보도록 시스템화 한다
- 준비 부족과 잘못된 상황판단이 계속된다. ⇒ 교육 훈련을 통해 엔지니어들의 능력을 제고한다.
- 단 한사람이 문제를 꿰뚫어 보고 사태를 해결한다. ⇒ 지혜 있는 예측 분석가들을 지속적으로 양성한다.
- 기술적 경고가 빠듯한 관료적 일정에 의해 묵살된다. ⇒ 경영자와 엔지니어가 설비 중심 소통을 한다.
- 위험 인정은 시간과 예산이 필요하다. ⇒ 가치 창출의 최우선은 위험도 저감이다.
- 모든 사고에는 전조가 있다. ⇒ 큰 결과의 전조인 작은 원인인 설비 건강상태를 공유한다.
- 철저한 검증은 신뢰의 증거이다. ⇒ 측정과 검증은 개선의 첫 걸음이다. '측정 없이 개선 없다'는 말을 실행하자.
- 지금까지처럼 앞으로도 괜찮다는 바로 그때 최악의 사고가 난다. ⇒ 개선 프로세스를 만든다.
- 터무니없는 최악의 실수는 언제든 일어날 수 있다. ⇒ 인간 + 기술통합의 시스템을 구축한다.
- 무의식적 습관은 강력한 경고도 흘려버린다. ⇒ 엔지니어로 하여금 안전 필요성과 인센티브를 제공하는 체계적인 동기부여 방안을 마련한다.

- 의사 전달의 사소한 실수가 대형 사고를 만든다. ⇒ 원활한 소통의 체계적 시스템을 만든다.
- 폭발물 처리 반은 문제를 기록해서 성공과 실패를 공유한다. ⇒ 설비관련 기록을 모두가 유비쿼터스 입장에서 공유한다.
- 호모 사피엔스(지혜있는 인간)에서 호모 마키너(기계인간)로 전환하고 있다. ⇒ 인간이 복잡한 시스템을 구축 운영하기 위해서 무병장수 설비에 대한 필요성과 목적에 대한 인식 전환이 우선해야 한다.
- 어디에 결정적 요소가 있는가를 아는 사람이 리더이다. ⇒ 설비 관련 기술과 인문학을 꿰뚫는 통섭형 리더 양성이 필요하다.
- 사고의 원인은 기획 설계 단계에서 생긴다. ⇒ 첫 단추가 중요하듯 평생 관심이 필요하다.
- 항상 또 하나의 대안을 준비한다. ⇒ 비자료의 통합적 접근과 이해가 전제 되어야 한다.
- 판단 능력은 고도 기술 속에서 인간만의 기능이다. ⇒ 정확한 판단을 위한 정합성 데이터와 정보를 체계적으로 구축하면 판단 능력을 높일 수 있다.
- 인간은 기계와 더불어 살아간다. ⇒ 인간과 불가분인 관계인 설비를 무병장수화 시키자.

설비와 관련한 대형 참사에의 대비책은 결국은 인간의 문제 해결 능력이다.

본서에서도 강조하고 싶은 것은 인간의 문제 해결능력을 배양하기 위한 인간과 기술 문제 특히 데이터-정보-통신-지식-의사결정-행동-가치창출로 이어지는 일련의 과정을 설명하였다.

Chapter 3

가치손실의 근본 원인(Root Cause)

3.1 다양한 혁신 프로그램

설비관리의 다양한 혁신 프로그램의 위치를 세계적인 설비관리 전문가인 John Mitchell이 한 장으로 표현하였다. 모두가 혁신을 도입 하지만 나중에 결과를 보면 부분적인 것으로 판명되고 있다. 이는 남이 하니까 혹은 급한 마음에 큰 그림(Big Picture)에 대한 인식없이 시도하다가 중도에 그만두게 되고 이러한 중도포기에 대한 누적된 경험이 혁신에 대한 알레르기적 내부 저항에 부딪히고 있다.

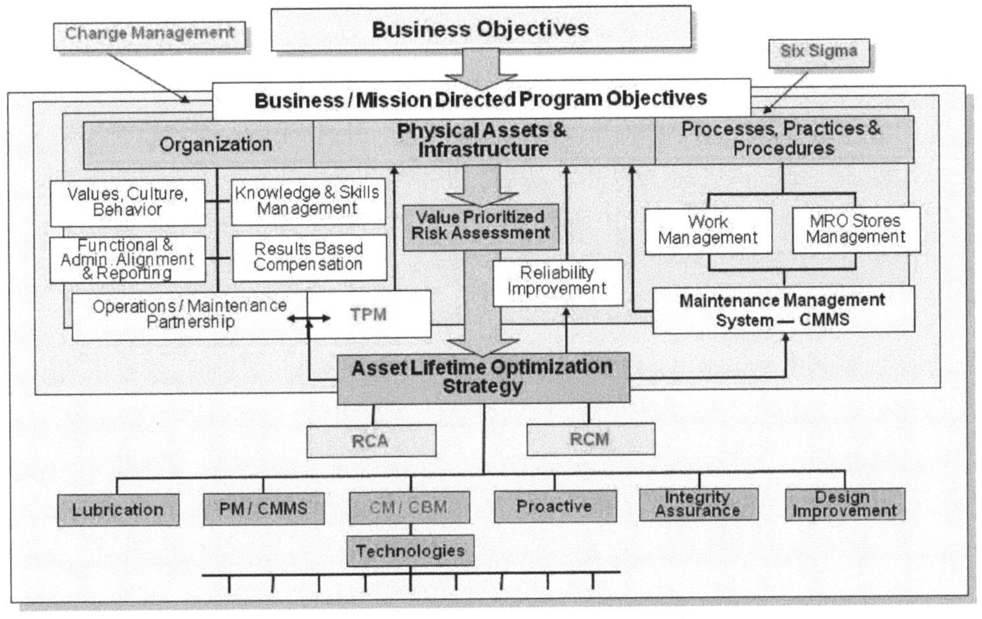

그림 3-1 다양한 혁신 프로그램

그림 3-1에서 보듯 가장 중요한 혁신은 참여자에 대한 변화 관리(Change Management)이다. 이것이 전제되지 않고 다른 기술적 접근은 실패할 수밖에 없다는 것을 우리는 과거 경험을 통해 잘 알고 있다.

경쟁이 치열한 글로벌 경제아래 생존의 절대 조건으로 혁신(Innovation)이라는 말을 자주 듣곤 한다. 인적혁신, 조직혁신, 가치혁신, 생산혁신, 국가혁신 등 모든 분야에서 혁신이 가능하다.

오스트리아 경제학자 슘페터는 기술혁신(Technological Innovation)이라는 이론을 처음으로 말한 사람으로 그가 제시한 기업가의 혁신 기능은 다음과 같다. 신제품의 생산, 신기술의 도입, 신시장의 개척, 신공급원의 발견, 신조직의 형성으로 개념은 기술발전의 도입과 이것이 보급되는 과정을 포함하고 있다는 점에서 기술혁신과 같다고 할 수 있다.

일반적으로 기술혁신은 ① 그것을 구체화하기 위한 설비투자가 반드시 수반되어 호황을 일으키고, ② 노동 생산성을 향상시키며, ③ 새로운 제품, 보다 성능이 좋고 값이 싼 제품을 생산하게 하여 새로운 산업의 성립과 기존산업의 변혁을 일으켜 이에 대한 수요구조를 변화시킨다. 그러므로 기술혁신은 자본주의 경제발전의 원동력이라 할 수 있는 지위를 차지하고 있다. 이러한 기술혁신은 이윤극대화를 최대의 목적으로 하는 기업의 생리현상에서 조성되는 기업 간의 경쟁과 기술 진보가 군수생산과 깊이 결합되는 사실 등에 의하여 기술과 규모면에서 더욱 확대 발전되는 것이다.

‘창조적 파괴(Creative Destruction)'란 슘페터가 기술의 발달에 경제가 얼마나 잘 적응해 나가는지를 설명하기 위해 제시했던 개념이다. 슘페터는 자본주의의 역동성을 가져오는 가장 큰 요인으로 창조적 혁신을 주창했다. 특히 경제발전 과정에서 기업가의 창조적 파괴 행위를 강조하였다. 다시 말해 '기술혁신'으로서 낡은 것을 파괴, 도태시키고 새로운 것을 창조하고 변혁을 일으키는 '창조적 파괴' 과정이 기업경제의 원동력이라는 것이다. 이러한 혁신이 설비관리 분야에도 많이 적용되고 있다.

실례를 들어 보면 변화관리(Change Management), 식스시그마(Six Sigma), 전사

적 생산정비(TPM), 도요타생산방식(TPS), 신뢰성중심정비(RCM), 근본원인분석(RCA), 예방정비(PM), 예측정비(PdM), 선행정비(PaM) 등 이름조차가 너무나 생소하고 이 많은 것을 어찌 다 할 수 있는가 하고 두렵기도 하고 컨설팅 회사마다 자기의 회사 브랜드를 앞세운 개념을 혁신이라는 이름으로 포장하고 무엇이든지 '지속적 개선"을 통해 장기적 성장을 이루어야 하는 제조업에서는 어떻게 무엇을 적용해야 할 지 속수무책이었다.

최고경영자가 바뀌면 자기의 실적을 대내외적으로 과시하기 위하여 TDR(Tear Down Redesign:해체하여 다시 설계함), 식스시그마, 트리즈 등 혁신 기법을 거창하게 도입했다가 새 최고경영자로 교체 시에는 새로운 혁신 기법을 내세워 엔지니어들을 혼란스럽게 만들어서 이제는 현장에서도 혁신이라는 말 자체에 과민 반응을 보이는 경우가 대다수이다. 복잡하게 표현하면 설명하는 자가 아직 완벽하게 알지 못하는 것이다. 완벽하게 알면 한 장으로 요약할 수 있고 한 단어로 축약할 수 있는 것이 세상의 이치이다.

미시간대학교 전설적인 미식축구 감독인 보 스켐베클러(Bo Schembechler)가 1969 ~ 1989년 시즌에 234승 승률 85%를 기록한 승리 원칙은 '시간엄수' '팀워크 중시' 등 단순하고 기본의 실천-훈련시에 발바닥은 땅에 붙인다. 상체는 앞으로 기울인다. 시선은 항상 정면을 본다. 경기중 껌을 씹지 않는다. 급식줄에서 새치기하지 않는다. 성과위주로 출전선수를 선발한다. 달성목표를 선수가 스스로 작성케 한다. 만법귀일의 좋은 예이다.

2005년 12월 미국 플로리다주 템파시에서 개최된 IMC(International Maintenance Conference)에서 기조 연설한 Jack Nicholas Jr.는 미국 해군에서 핵잠수함의 정비를 40년간 해온 엔지니어로서 은퇴 후 컨설턴트로 활약하는 80세의 노익장이다. 기조연설 첫머리 자료에 나온 화면에서 그는 혁신 성공에의 단순한 답은 '기본으로 돌아가라(Back to the Basic)'이다. 이 말에 1000여명의 참가자가 기립박수를 한 생생한 기억이 있다.

사고가 일어나 크나큰 재앙을 일으켰던 핵잠수함을 정비하며 무병장수 목적을 위해 많은 비용과 시간을 들여 시도한 무수한 아래의 혁신 방법론에 대한 지난 세월에 대한 후회와 반성 그리고 이에 대한 간단하고도 확실한 솔루션이라고 느껴졌다.

- Asset Management
- Availability Engineering & Management
- CMMS(Computerized Maintenance Management System)
- Kaizen(개선)
- Lean Manufacturing & Maintenance
- Predictive Maintenance
- PM Optimization
- Proactive Maintenance
- RCM
- RCM Variants and Derivatives
- Root Cause Failure Analysis
- Six Sigma
- Supply Chain Management
- Total Productive Maintenance

'기본으로 돌아가라'는 말을 보면 '돌아가라'는 말 속에 우리가 이미 알고 시작했다는 의미인데 과연 기본은 무엇일까를 오랜 기간 고민하였다. 기본은 데이터이다. 즉 Back to the Data로 결론지은 것은 3년 지나서야 깨우쳤다. 데이터가 모여 정보(Information)가 되고 기술로 발전해 IT(정보기술)가 되었다면 이를 설비관리에 잘만 적용하면 선진국의 40년 세월의 시행착오를 넘을 수 있겠다는 확신을 가졌다. 이름하여 Raw Data(원시 데이터)를 바탕으로 한 정합성 데이터 관리가 기본의 기본이다(Basic of Basic) 사람들은 보통 자기에게 혹은 자기 조직에게 유리한 데이터를 가공하여 상부에 혹은 대외적으로 제공한다. 이런 오류 데이터, 가공 데이터, 저품질 데이터로서는 자기가 속한 조직의 현실을 제대로 보지 못해 개선을 통한 생존에 장애가 되고 있다.

3.2 근본에의 접근 필요성

근본(根本)이라는 말의 어원은 뿌리라는 말에서 나왔다. 나뭇잎에 생긴 병이라는 결과를, 줄기라는 중간 원인에서 찾느냐, 뿌리라는 근원적인 원인에서 찾느냐에 따라 앞으로 계속될 수도 있는 반복적인 고장에 대해 근본적인 치료가 되느냐, 임시방편의 미봉책에 머무를 것인가가 결정된다. 나뭇잎이 시들어 가는데 그 잎만 나쁜지, 가지에서 나온 잎들 모두가 시들어 가는지에 따라 가지를 쳐낼지 뿌리까지 뽑아 버려야 할지에 대한 의사결정을 하게 된다. 2002년 한일월드컵을 500여일 앞둔 시점 주최국으로서의 한국 축구가 좌절을 겪고 있을 때, 신임 감독 히딩크가 내린 유럽의 월드베스트 대비 한국 축구선수의 문제점을 정량화하여 수치로 정리한 것은 다음과 같다.

한국 국가 대표 축구선수의 문제점을 세계 수준 대비 근본적으로 파악한 히딩크 감독은 다음과 같은 월드컵에서의 승리 전략을 준비하였다.

- Fundamental(기본 강조)
- Innovation(혁신 추구)
- Value Sharing(가치 공유)
- Expertise(전문지식 활용)

이라는 영어의 앞 글자를 따서 FIVE 전략을 시행하였다.

축구선수가 아무리 국가 사명감이 있어도 힘과 지구력이 유럽 선수 대비 50%밖에 안 되는데 어찌 이길 수 있는가 라는 근본적인 해결책으로 월드컵 본 경기 일주일전까지 기본 체력 훈련을 하고 모든 선수들의 체력을 측정하여 정량화하고 이

유럽선수: World Best 대비		
1	힘, 지구력	50
2	기술	85
3	전술	60
4	스피드	80
5	자신감	60
6	경험불만 억제력	30
7	경기중 의사소통	20
8	성취동기	100
9	국가 사명감	99

FIV E(전략)

- Fundamentals (기본의 강조)
- Innovation (혁신의 추구)
- Value Sharing (가치의 공유)
- Expertise (전문지식의 활용)

그림 3-2 히딩크의 FIVE 전략

를 강도 높게 선수 개개인별 맞춤식으로 강화함으로써 실제 월드컵 본 경기에서 탁월한 체력의 이탈리아 선수들과 무승부에 이은 연장 전 후반을 치르고서도 견딜 수 있는 기본 체력이 승리의 핵심 역량이었다.

그때 '산소탱크' 별명의 박지성이 신인이었음에도 불구하고 체력을 기반으로 한 기본기 확보로 현재 유럽 축구 무대에서 대활약을 하는 것은 결코 우연이 아니다. 경기 중 의사소통이 안 되는 약점을 파악한 히딩크 감독은 식사시간에도 선후배가 같이 섞여 식사를 하도록 하고 선배에 대한 호칭에 이름을 부르도록 하여 경기 중에도 선배에게 존칭어 사용해야만 하는 기존 관습의 장애를 제거하여 경기에서 혼연일체의 팀워크를 발휘토록 하였다.

이 점에서 우리가 교훈 삼을 수 있는 점은 다음과 같다.

- 체력, 기술, 소통 등 축구선수 자체와 보유 기술과 관련한 사항을 신뢰성 있는 현장 데이터로 만들어야 한다. (현장 설비의 신뢰성 있는 정합성 데이터가 근본적으로 오랜 기간 데이터베이스화 되어야 한다.)

- 이에 따라 전체 문제점을 파악한 히딩크 감독은 나무물통 법칙에 따라 승리라는 성과에 장애물인 체력 훈련과 유연성을 개개인별로 분산 최적화하여 경기 전까지 실시하여 보강하였다. 이는 낮은 나무물통 조각을 다른 조각에 우선하여 보강 작업을 함으로써 물이 많이 담겨지는 즉, 월드컵 4강 진출이라는 성과를 창출하였다.(설비관리자, 재고자재, 솔루션, 진단기기 및 분석 소프트웨어, 협력업체, 대여 장비, 예산, 교육훈련 등의 여러 가지 변수 즉 나무물통 조각을 전체적으로 파악하고 가장 성과 창출에 장애가 되는 것부터 체계적, 과학적으로 처방하여야 한다. 그래야만 제조업 설비관리 부분의 성과인 위험도 및 비용절감으로 성과를 창출할 수 있다.)

- 데이터 수집 전문가, 분석 전문가, 체력 전문가 등 각 분야의 전문지식을 통합하여 분석함으로써 문제점을 진단하고 이에 따른 적절한 처방을 각 선수들에게 함으로써 성과를 극대화 하였다.(리더가 주축이 되어 현장요원, 생산, 품질, 안전, 환경, IT, 정비 등 각 분야의 전문가로 하여금 각 부서 입장이 아닌 전체 회사 측면에서 성과를 내기 위한 소통 활성화를 추진해야 한다. 앞으로 대기업 제조업은 Chief Asset Officer(CAO)가 CTO처럼 하나의 주요 직책의 하나로 자리매김할 것이다.)

3.3 한국인의 사망원인과 고장원인

2007년 발표된 한국인 사망원인은 다음과 같다.

1. 암 27.6%
2. 뇌혈관질환 12.0%
3. 심장질환 8.8%
4. 자살 5.0%
5. 당뇨병 4.6%
6. 운수사고 3.1%
7. 만성하기도질환 3.1%
8. 간질환 3.0%
9. 고혈압성질환 2.2%
10. 폐렴 1.9%

자살과 운수사고를 제외한 91.9%가 질병과 관련이 있다. 질병이 그냥 갑자기 찾아오는 것일까? 근본적인 원인이 시작되어 질병이라는 결과를 지나 사망에 이르기 때문에 평생(Lifecycle) 건강관리가 필요한 것이 인간 최종 희망이며 행복이다. 무병장수가 바로 그것이다.

공장의 설비관리도 마찬가지이다. 고장이 갑자기 나는 것 일까? 이해를 쉽게 하기 위해 인간의 건강을 책임지는 유명 의사의 사례를 보자.

서울대 가정의학과 유태우 교수는 환자를 만나는 방식부터가 다르다. 환자가 가지고 있는 질병만을 보는 것이 아니라 환자의 삶을 통째로 바라본다. 질병만 보고 치료하는 경우를 유태우 교수는 잎사귀 치료라고 생각한다. 뿌리와 줄기가 병들어 있으면 잎사귀 치료는 의미가 없다. 환자의 삶을 알기 위해 번거롭지만 진료실을 박차고 나가서, 환자와 같이 운동하고, 환자의 집안 분위기를 보기 위해 환자 가족들과 만나 식사하고, 환자가 다니는 직장을 찾아가기도 하는 특별한 접촉을 하면서 근본적인 병의 원인을 찾아서 코치해 주는 역할을 한다. 의사라는 호칭보다는 'Life Coach'라고 불리기를 좋아하는 유교수는 'Life Coach'라는 낯선 개념을 의학에 도입하였다. 이는 인생의 화두를 균형과 성장에서 찾기 때문이다. '명의는 병을 고치는 사람이 아니라 병나지 않게 하는 사람이다'를 확실하게 실행하는 의사이다. 이러한 관점을 설비관리에 도입하는 것이 바람직하다.

- 엔지니어들이 '고장수리'라는 잎사귀 정비에서 벗어나 근원적인 원인을 찾는 RCFA(Root Cause Failure Analysis)입장에서 뿌리로의 접근을 하는 선행정비(Proactive Maintenance) 기법을 도입하여야 한다.

- 기업의 앞으로 발전 방향은 지속 성장(Sustainable Growth)이므로 설비관리를 통한 균형과 성장을 찾아야 한다.

- 엔지니어들은 Asset Life Coach로서 평생적인 관점에서 통합적이고도 최적화된 방법론으로 무병장수 목적을 달성하여야 한다.

3.4 Data의 중요성

우리 몸과 설비 자산의 목적은 무병장수로서 같다. 어느 순간 심장병이 생기는 것이 아니라 심장이라는 순환기 기관은 조직으로 구성되고, 조직은 세포로 구성되어 있다. 세포 수는 성인은 7조 개이다. 인체의 가장 작은 유기체가 세포이다. 건강을 유지하기 위하여 온 힘을 다해 세포를 돌보고 세포 생명력과 재생 능력을 증진해야 한다.

모든 병은 세포 하나에서부터 시작한다. 지금껏 의학의 발전에서 병의 원인 및 그 치료법은 모두 세포를 연구하는 과정에서 발견되고 발명되었다. 특히 암세포는 외부의 침입자가 아니라 몸 안에서 자기의 고유한 역할을 망각하고 무제약적인 증식을 함으로써 정상적인 기능을 잃어버려 결국에는 죽음으로 이르는 것이 원인과 결과에 따른 인과법칙이다.

세포는 설비관리에 있어 데이터이다. 데이터가 오류나 저품질, 혹은 자기에게 유리한 가공 데이터로 일관된다면 세포의 구성인 조직과 기관이 암세포로 말미암아 저절로 죽음의 길로 가는 것과 같다. 잘못된 데이터가 모여 잘못된 정보를 만들고 이를 통해 잘못된 분석과 해석 과정을 거쳐 제조업의 생존에 잘못된 의사 결정을 한다면 잘 나가는 세계적 기업도 한순간에 망해 버릴 수 있다는 것이 BP와 동경전력에서 문외한도 알 수 있는 현실이다.

세포를 건강하게 하는 것은 혈액이다. 산소와 영양분을 공급하는 배달부 역할, 유해물질을 받아 처리하는 청소부 역할, 외부 병균으로부터 몸을 지켜내는 군인 역할을 하는 것이 혈액이다.

이러한 중요 역할을 하는 혈액의 바람직한 모습(To-Be)은 첫째 깨끗한 피, 둘째 잘 순환되는 피, 셋째 튼튼하고 넉넉한 피이다.

이러한 무병장수를 위해 좋은 피를 만들기 전략을 '혈액의 율곡사업'이라고 강조하는 분이 있다. 혈액 율곡 사업을 하기 위한 전략은 다음과 같다.

- 좋은 공기를 마신다. - 성인은 한 번에 500cc의 공기를 마시고 분당 12회를 호흡하면 하루에 9,000리터의 공기를 마신다.
- 좋은 물을 마신다. - 하루 3리터의 깨끗한 물을 먹는다. 청량음료를 먹느니 물고기가 노는 강물을 먹는 게 좋다.
- 좋은 음식을 먹는다. - 인간의 치아 구조상 육식보다는 채식위주, 곡물위주로 음식을 먹는다. 정월 대보름 오곡밥 음식이 가장 바람직하다.
- 스트레스를 줄이자. - 지구가 자전, 공전하는 데 지장이 없다면 그냥 지나치자. 일일이 간섭하고 마음 쓸수록 자기에게는 스트레스가 생겨 눈에 보이지 않는 세균이 된다.
- 운동을 규칙적으로 한다. - 근력과 지구력을 통해 균형 잡힌 신체 조건을 만든다.
- 피로하면 휴식한다. - 피로하다는 몸의 신호는 휴식하라는 경고이다. 휴식 없이 지속적인 몸의 혹사는 영원히 쉬게 한다. (죽게 만든다.)

세 살 먹은 아이도 다 아는 내용이지만 팔십 먹은 노인도 행하기 어려운 것이 실천이다. 좋은 공기, 물, 음식 섭취하고 적절한 운동과 휴식, 스트레스 없는 삶의 실천은 피를 깨끗하고 잘 순환케 하여 세포를 건강하게 하고 조직과 기관을 튼튼하게 만들어 무병장수한 인생이 되는 것이다. 모든 것이 원인과 결과로 이루어져 있다. 설비관리를 고장이라는 측면에서 원인과 결과적 상관관계를 정리해 보고 이를 설비 무병장수 율곡사업으로써 대안을 만들어보자.

설비의 잦은 고장은 저품질, 저생산, 고비용을 가져오고 심각한 고장 문제는 경영진으로 하여금 새로운 투자에의 고민을 하게 만든다. 회사의 성과는 고장 빈발 탓에 엉망이 되고 '십 년 병원 신세 지지 않는 가정은 저절로 부자 된다.'라는 속담처럼 회사의 재무제표에 직접적 영향을 끼친다. 그런데 고장이 저절로 기계 설비 전체에 갑자기 생기지 않는다. 세포와 같은 아주 작은 부품에서부터 고장이 생기는 데 이에 대한 상태를 표시해 주는 데이터가 없다. 상태를 알면 쉽게 고치고 고장 나지 않게 할 수 있으련만 현실은 그렇지 않다.

이에 혈액 율곡사업처럼 설비 율곡 사업이 다음과 같이 필요하다.

1. 깨끗한 데이터를 만든다 - 왜곡되거나 데이터 수집자의 불순한 의도가 섞이지 않은 순수한 데이터를 만든다.

2. 잘 순환되는 데이터를 만든다 - 조직과 팀별 부서 이기주의에 의한 장애, 설비 부품 사이의 상태가 항상 표준화되어 쉽게 소통되는 데이터를 만든다.

3. 지속적인 데이터를 만든다 - 한 번 수집되고 그만두는 것이 아니라 일, 주, 월, 분기, 반기 연도 별 체계적으로 지속 수집되어야 경향을 알 수 있고 분석을 할 수 있다.

이러한 세 가지 조건을 만족하는 데이터를 '정합성'이라 한다. 정합성은 한마디로 무모순성이다.

주요한 설비 일수록 정합성 검증 작업이 필수적으로 이뤄져야 한다. 많은 기업에서 외면하고 있는 데이터 정합성 문제가 비즈니스에 미치는 영향은 생각보다 크다. 이런 점을 심각하게 고려해 자신의 조직에 적합한 데이터 정합성 관리 방법을 구체적으로 적용하는 것이 최대의 과제라 할 수 있다.

정합성을 영어로는 Consistency and Compatibility라고 하는데 이것이 구체적으로 이해되기가 어려워 Excellence(탁월)이라는 말과 함께 사용하여 Data Excellence라는 표현을 사용하기로 한다. 탁월이라는 말 자체가 세계적으로 제일 좋다는 의미를 내포하고 있는바, 엔지니어 사회에서 세계적으로 가장 좋다는 의미는 그 분야에서 표준화된 올바르고 지속적인 데이터를 지칭하는 것이다.

정합성 데이터로 이루어진 설비 각 부품의 조그만 이상은 바로 엔지니어에게 알려져 큰 고장이 가져올 위험과 비용을 사전에 방지하는 즉 가래로 막을 일을 호미로 막는 경우와 마찬가지이다.

3.5 리비히(나무물통)법칙

그림에서 보듯이 제조업의 성과는 물통 가득 물을 담는 것인데 다른 부분은 완벽하더라도 가장 낮은 곳으로 물이 흘러넘치는 것은 시간과 비용을 낭비하고 있는 것이다. 그렇지만 대개 습관적으로 원래 물 즉 자원을 공급해야 한다고 생각하고 지속적 낭비로 회사의 경쟁력이 약화하는 것이다. 독일의 식물학자 유스투스 리비히(Justus Liebig)는 1840년 질소, 인산, 칼리 등 '식물 성장에 필요한 필수 영양소 중 성장을 좌우하는 것은 넘치는 요소가 아니라 가장 부족한 요소에 의해 결정된다.'는 최소량의 법칙을 발표하였다. 이러한 리비히 법칙은 단순히 식물 성장에만 적용되는 것이 아니라 인간과 기술에도 다음과 같이 그대로 적용된다.

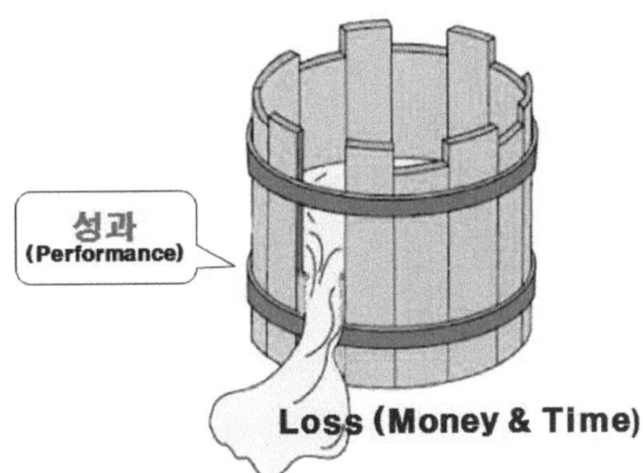

그림 3-3 비효율과 리비히 효과

- 인터넷의 검색 속도는 컴퓨터, 모뎀, 회선 중 가장 성능이 떨어지는 수준에서 결정된다. 인터넷 회사가 100메가 속도의 광랜을 공급해도 마지막 컴퓨터가 있는 집의 구조가 낡아 구리선으로 설치되어 있다면 최신의 기술인 광랜도 무용지물이 된다.

- 오디오의 소리 품질은 스피커, 파워앰프, 프리앰프, 플레이어, 음반 중 가장 낮은 성능에 의해 결정된다. 오디오 마니아는 높은 품질을 위한 성능을 위해 고가 장비를 들여 구색을 갖춘다.
- 중요한 의사 결정을 위한 회의는 가장 늦게 참석한 사람에 의해 시작된다.
- 국가 경쟁력은 정치, 경제, 사회, 문화 시스템 중 가장 하위 수준에 있는 것으로 전체 수준이 결정된다. 경제적 시스템이 최상위라 하더라도 정치적 수준이 낮다면 전체 국가 경쟁력은 정치 수준에 의해 하위 수준이 된다.
- 회사 경쟁력은 인사, 재무, 마케팅, 고객관리, 생산 중 낮은 부분에서 결정되며, 생산 중에서도 품질관리, 공정관리, 설비관리, 노무관리 등 여러 측면에서 가장 낮은 분야에서 결정된다.
- 인간 개개인의 경쟁력은 나무 물통 판 하나하나가 인품, 성격, 실력, 사회성, 건강, 도덕성으로 구성되어 있어 실력이 뛰어나도 도덕성이 낮다면 낮은 도덕성에서 인간에 대한 평가가 이루어진다.

자연과 인간을 관통하는 리비히 법칙은 부족한 부분이 넘치는 부분의 잠재력을 갉아먹는 결과를 가져오고 있으므로 전체적 측면에서 부족한 부분이 어딘가를 조속히 발견하고 수정하는 데서 성장을 가져올 수 있다. 설비관리와 관련한 조직진단, 개별 엔지니어 성격진단과 더불어 설비관리에 대한 프로세스 진단, 적용 기술 진단을 통해 현상을 파악하고(As-Is) 앞으로 바람직한 모습(To-Be)을 그려 회사의 가치 창출에 이바지할 중요한 분야이다.

여기서 통합과 최적화의 필요성이 대두된다.

- 전체 입장에서 통합적으로 나무통의 모습과 낭비 요인을 평가한다.
- 가장 낮은 분야에 집중적으로 경영자원과 기술을 투입하여 다른 부분과 보조를 맞춘다.
- 우수한 분야는 최적화 관점에서 경영자원의 배분을 일시 중단한다.

4.1 대기업 설비관리자 과제

4.2 비전 전략 프로세스

4.3 생존전략으로서의 프로세스 혁신(PI)

4.4 고장률 제로 건강법

4.5 선진 사례

4.6 목표설정과 Be/Do/Have

4.7 성공방정식

Chapter 4

설비관리의 바람직한 향후 모습(To-Be)

4.1 대기업 설비관리자 과제

설비관리가 선진국 최고경영자들 사이에 '쉽게 딸 수 있는 과실(Low Hanging Fruit) 인식이 널리 퍼지기 시작하였다. 노조와의 연결된 직원들의 인건비 삭감이나 세계 경제 아래 필수 자원 선점에 따른 원자재 가격 폭등과는 차원이 다른, 곧 회사 자체의 노력 여하에 따라서는 큰 마찰 없이 회사의 생존 전략에 크게 이바지할 수 있다고 확신하게 되었다.

이러한 인식의 변화에 따라 경영진들은 다음과 같은 질문을 하기 시작했다.

1. 우리 공장의 유지보수 비용은 얼마인가?
2. 설비 유지관리 비용은 적정한가?
3. 외부 서비스를 받는데 너무 큰 비용을 쓰는 것은 아닌가?
4. 얼마나 많은 자산이 유지관리용 재고로 묶여 있는가?
5. 재고 비용은 적정한가?
6. 생산 비용에 포함되는 설비의 정지시간은 얼마인가?
7. 설비의 생산성이 프로세스 전반에 걸쳐 어떻게 영향을 미치는가?
8. 국내 공장만이 아닌 국외공장 관점에서의 관리는 어떠한가?
9. 설비관리 전용의 표준 절차서는 있는가?
10. 설비관리 관련 성과지표가 정확하게 측정되고 있는가?

11. 단순 정비가 아닌 자산 최적화 관점에서 진행되는가?
12. 설비의 고장 유지 보수만이 아닌 평생 관점에서 관리되고 있는가?
13. 설비관리에 따른 위험도, 비용이 정성적으로 보고되고 있는가?
14. 비용지출 관점이 아닌 세계적 경향인 수익중심 설비관리가 되고 있는가?
15. 마케팅 강화에 따른 신규투자 대신 기존 설비 효율을 높일 수는 없을까?
16. 설비의 건강 상태를 한눈에 파악하고 이를 세계 공장별로 비교할 수는 없을까?
17. 설비관리를 획기적으로 혁신할 글로벌 벤치마킹이 가능한가?
18. 설비관리를 획기적으로 혁신할 인재의 자격요건은 무엇인가?
19. Smart 시대라고 하는데 Smart Factory를 구현할 수는 없을까?
20. 고장에 따른 야간 및 휴일 비상근무를 없애면서 평소에 집중력을 향상할 방법은 없을까?

이러한 경영진의 질문에 공장 현장 생산 정비책임자들은 답변하기를 어려워한다. 왜냐하면, 이러한 경영적인 질문에 능히 대답할 자료인 데이터베이스와 도구를 가지고 있지 않고 모든 것을 기술적인 접근과 설명 방법에 익숙해져 있기 때문이다. 이는 경영자와 기술자의 근본적인 소통에 문제가 있는 것이고 서로가 한눈에 설비 관련 모든 데이터를 공유할 시스템이 없기 때문이다.

경영자와 엔지니어가 한눈에 설비 상태를 파악하고 서로의 다른 언어(재무제표에서 돈으로 표시되는 언어와 설비고장을 고치는 기술 언어 차이)를 이해하는 것이 Smart Factory의 기본 개념이다. Smartware의 WARE는 상품이라는 개념으로 People 상품과 Technology 상품이 최적 결합하여 프로세스 혁신(Process Innovation)을 통해 설비관리의 바람직한 세계 최고 모습(To-Be)으로 나가는 것이다. 여기에 통합과 최적화 규정이 다음과 같이 적용되어야 한다.

통합 및 최적화

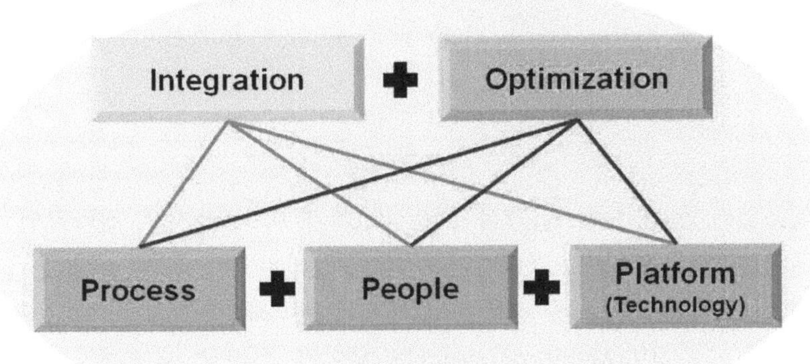

그림 4-1 Integration &Optimization

가장 기본이 설비상태를 통해 무병장수로 가려면 다음과 같은 의문에 도달하게 된다.

설비상태 예측이 관련자 모두에게 제대로 피드백되는가?

- 설비상태 예측이 관련자 모두에게 제대로 피드백되는가?
- 공장설비에의 실질적인 진단이 주기적으로 이루어지고 있는가?
- 설비 신뢰도 확보를 위한 장기적인 대책과 전략이 있는가?
- 설비를 소유한 주인으로서 타 협력회사에 너무 의존하는 것은 아닌가?
- 고장 예측을 위한 전문 인력의 양성, 계절별 예측진단 프로그램이 있는가?
- 설비고장을 사전에 감지하는 분석 프로그램이 있는가?

4.2 비전 전략 프로세스

우리의 제조업은 현재 노동 집약적인 생산체계가 아니라 자본 집약적인 설비 중심의 생산체계로 형성돼 있다. 그렇지만 이러한 설비는 생산성과 품질 등을 가로막는 고장(Failure)이라는 것이 큰 장애로 존재해 이를 최소한으로 줄이고 최상의 상태로 유지 관리하는 정비(Maintenance)라는 분야가 선진국 제조업의 초미의 관심사가 되고 있다. 우리의 제조업 설비 자산 규모는 약 1000조 원에 달한다고 조사되고 고장으로 말미암은 손실은 약 300조 원에 이른다는 전문 기관의 보고서는 우리가 정비에 대한 비전과 전략 그리고 프로세스를 새롭게 정의하고 자리매김할 시점에 와 있다.

보통 제조업의 정비비용은 원자재비, 인건비 다음의 세 번째의 큰 비용(Expenses)으로서 이에 대한 해결 방안이 정립되지 않고는 기업의 장기적이고도 안정적인 이익 창출은 요원하다 할 것이다.

그렇지만 정비비용은 원재료비, 인건비와는 다르게 우리의 노력으로 이를 통제하여 절감할 수 있다는 측면에서 선진국에서는 정비 관련 비용을 비용(Cost Center)이 아닌 수익(Profit Center)창출의 한 기회로 보고 있다. 이에 따라 기업은 기업 자체의 각 분야에서 생존을 위한 비전, 전략, 프로세스를 가지고 있듯이 정비 분야에서도 같은 비전과 전략 그리고 프로세스를 기술해 보고자 한다.

1) 정비 비전(Vision)

모 대기업의 정비 책임자는 고장으로 말미암아에 1년 중 설날과 추석을 제외하고 일요일을 포함한 모든 날을 출근할 수 밖에 없고, 주 5일제 근무가 주 9일의 임금을 지급해야 한다는(휴일은 2배의 인건비 지급) 넋두리 같은 현실은 고장 때문에 항상 자리를 비울 수 없는 정비의 불확실성을 단적으로 나타내 주고 있다. "언제 어느 라인에서 무슨 돌발 고장이 나타날까? 이로 인해 생산성과 품질에의 목표 미달성에 대한 질책을 어찌 피해 가야 하나?" 등등 전전긍긍해야 하는 것은 아마도 공장 업무의 경중과 대소의 차이가 있다 하더라도 모든 공장에 존재한다 할 것이다.

정비의 Vision은 계획 정비 시스템(Planned Maintenance System)이어야 한다. 선진국의 보편적인 사고인 "Let System Work"(시스템이 일하게 하자)는 인식과 시스템이 안정되면서 불확실성을 제거하면 계획적(Planned)인 정비가 될 수 있다.

시스템은 Hardware와 Software 그리고 이를 다루는 엔지니어의 Humanware가 그 회사 수준에 알맞게 최적화(Optimization)된 것으로서 어느 하나라도 없으면 구축될 수 없다.

2) 정비 전략(Strategy)

설비의 목표는 인간과 마찬가지로 무병장수(No Failure, Long Life)이다. 고가의 생산 설비가 제구실을 못하고 쉽게 고장 나던가, 얼마간 사용하지 못한다면 다시금 기업이 생산성을 위해 신규투자를 해야 하는 악순환에 처하게 된다.

이러한 관점에 정비의 큰 축인 시간기준정비(Time Based Maintenance: TBM)와 상태기준정비(Condition Based Maintenance : CBM)가 있다. 혹자는 예방정비(Preventive Maintenance: PM)의 근간인 TBM으로 모든 고장을 해결할 수 있다고 하나 이는 설비의 상태(Condition)를 무시하고 무조건 시간(Time)만을 중시하면 긴요하지 않은 정비를 통해 기업의 비용과 인력의 낭비만을 가져올 뿐이다.

이에 따라 현대는 진단 기술의 발전으로 설비의 상태(Condition)에 따라 각종 진단에 따른 처방을 하는 CBM이 크게 주목을 받고 있다.

그렇지만 CBM도 만능은 아니며, 기업의 기술적, 재정적, 문화적 수준에 알맞은 TBM과 CBM이 최적화된 상태에 따라 작업 수행을 전략으로 삼는 것이 바람직하다. 이러한 상태에 따른 정밀 진단(전기 진단, 회전체진단 - 진동 분석, 유 분석, 열화상 분석, 초음파 분석, 모터 검증, 비파괴 진단 등)과 현장에서 종이 혹은 PDA/스마트폰에 의한 간이진단(점검)이 서로 간에 통합되는 완벽한 상태가 되어야 한다.

3) 정비 프로세스(Process)

정비의 비전을 계획정비시스템으로, 전략을 TBM과 CBM의 최적화라고 한다면 이에 따른 구체적인 프로세스 즉 일상적으로 반복되는 정형화된 업무 행태를 다음 그림과 같이 단위 모듈로 구성하였다.

보통 산업 현장에서는 이러한 단위 모듈 자체를 정비 그 자체라고 판단하고 실행하고 있으므로 끊임없는 발행되는 Work Order(작업지시)로 인해 관리자와 작업자는 일에 시달리게 되고 비용은 끝없이 지출되는 등의 성과 측면에서 악순환을 거듭하고 있다.

앞으로 돌발 고장으로 말미암은 작업이든, 예정된 예방정비 작업이든 생산성을 그대로 유지하면서 작업지시를 근본적으로 줄이는 것이 생산성과 비용 절감이라는 두 마리의 토끼를 잡을 수 있고 이것이 선진국에서 행하는 계획정비 시스템이다. 이를 대분류하면 RCM, PdM(CBM), PM(TBM), Basic이며 더욱 중요하며 정비의 성패를 좌우하는 것은 CEO의 의지와 조직 문화, 정보 통합이다.

주) RCM : Reliability Centered Maintenance(신뢰성 정비)
PdM : Predictive Maintenance(예지 정비)
PM : Preventive Maintenance(예방 정비)
CBM : Condition Based Maintenance(상태 기준 정비)
TBM : Time Based Maintenance(시간 기준 정비)

이러한 각각의 단위 모듈은 시스템에서 언급한 것과 동일하게 H/W, S/W, Hm/W로 구성되는데 특히 Humanware(Hm/W)는 과거 측면에서 엔지니어/작업자의 경험 및 이력관리와 미래 측면에서 열정, 학습 의욕, 동기 등을 반영한다.

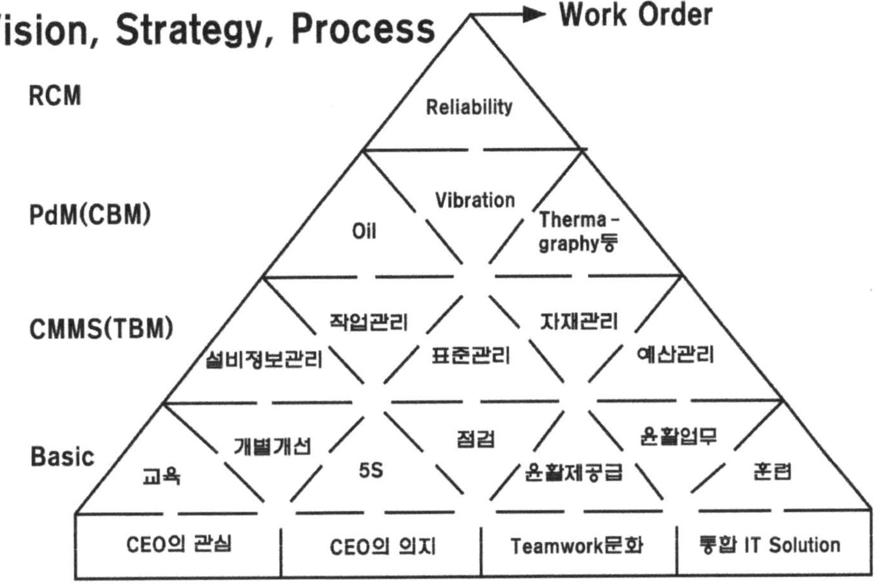

그림 4-2 신 정비 비전 전략 프로세스 방향

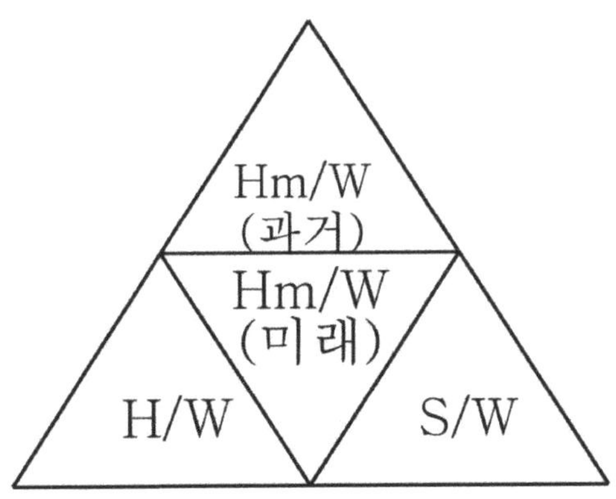

그림 4-3 Humanware와 H/W, S/W 관계

표 4-1 정비관리 수준 평가

정비관리 수준 평가	
20~40점	최저 수준
40~60점	보통 수준
60~80점	우수 수준
80~100점	세계적 수준

이를 무조건 기본 1점으로 바탕으로(회사가 존재한다는 것 자체가 1점임), 상기 H/W, S/W, Hm/W(과거), Hm/W(미래) 구성을 각각 1점씩으로 하여 5점 만점으로 한 다음 전체 20개의 프로세스 단위 모듈을 평가한다면, 각 회사의 정비기술 및 수준을 세계적 수준에 맞춰 평가 할 수 있다. 단 최고경영자의 관심과 의지, Teamwork 문화, 통합 IT Solution등은 상대적 측면에서 5점 만점으로 평가하여야 한다.

이러한 전반적인 평가가 이루어진 후, 즉 크게 글로벌적 입장에서 생각하여 자기의 수준을 평가한 후(Think Big) 직게 시작하는(Start Small) 경우 반드시 하단의 Basic을 우선하여 실행하여야 한다.

그렇지 않고 하드웨어나 소프트웨어 중심 사고로 치우쳐, 제품 중심의 구매가 우선 되어 하드웨어나 소프트웨어가 모든 것을 해결하리라는 착각은 전체적인 정비를 위한 성과가 반드시 실패로서 나타날 수박에 없다.

생산성을 유지하며 작업지시를 줄이는 계획정비시스템은 결코 꿈이 아니다. 아무리 잘못되어 있거나, 미약한 현실이라 할지라도 3~5년간의 계획으로, 한정된 예산을 가지고도 기초부터 차근차근, 다시금 전체를 바라보고(Think Big) 미진한 부분을 보강한다면 정비가 기업에 있어 안정된 수익 창출의 일등 공신이 되리라 확신한다. 왜냐하면, 이미 선진국에서는 활성화되어 고부가가치 지식산업에의 2.5차 산업(제조업+기술서비스)으로 자리매김하고 있기 때문이다.

4.3 생존전략으로서의 프로세스 혁신(PI)

제조업에서 세 번째로 큰 그러나, 통제 가능한 정비 관련 비용을 수익 비즈니스 모델(Profit Center)로 만드는 생존 전략으로서 프로세스 혁신(PI)을 들 수 있다.

혁신(Innovation)이라는 말 자체가 추상적이고 거부 반응이 있지만, 기업이 생존을 위하여 추진되는 모든 일상적인 업무인 프로세스를 기존 현실에 안주하지 않고 새롭게 변신치 않으면 생존에 위협을 가져올 수 있다. 혹자는 혁신을 조직적으로 잊어버리기(Organized Forgetting) 또는 전략적인 망각(Strategic Forgetfulness)으로 쉽게 표현하기도 한다. 인간은 과거에 하던 방식대로 습관에 젖어 대개 일을 처리하는 속성을 가지고 있다. 습관이란 의도적 행동이나 의사결정이 필요치 않고 자기가 하는 일에 대한 목적의식 없이 자동으로 넘어가는 행동이다.

이러한 업무 프로세스 진행 방식을 과감히 잊어버리고 새로운 방식으로 도전하여 비용과 위험도를 줄이는 방식을 생각해 보기로 한다.

1) 가치(Value) 중심으로 생각하기

제조업의 품질, 생산, 정비 등 각 부서 임원이나 담당자들은 현재 업무를 추진하는데 회사 전체의 가치가 무엇인가에 대한 의식은 없이 자기에게 주어진 일만을 하기에 급급하다.

가치란 비용이나 매출만을 의미하는 좁은 의미가 아니라 위험도까지 포함하는 광의의 개념이다. 진정으로 회사에 큰 가치를 만들 수 있는 협업을 전제하지 않는 현재의 프로세스는 비용 증가와 반복적 실패의 연속으로 갈 수밖에 없기에 협업을 전제로 한 소통을 통해 현재하는 일이 진정으로 회사 가치를 극대화할 수 있는가에 대한 근본적인 사고 전환이 필요하다.

2) 설비(Asset)중심으로 생각하기

엔지니어의 고객은 설비이다. 엔지니어의 목표는 설비의 무병장수이다. 무병장수한 상태가 되면 품질 안정되고, 설비 가용성은 향상되고, 매출은 증가하며, 투자 수익률은 높아지기 마련이다.

모든 것이 제조업은 설비에서 시작하는데 건강할 때는 건강의 중요성을 모르는 인간과 마찬가지로 설비의 중요성을 망각하고 당연히 잘 돌아가는 것으로 생각하다가, 고장으로 말미암은 문제가 발생 시 최고경영자가 깊은 관심을 두지만 고장이 해결되면 다시금 관심도에서 멀어지는 게 현실이다. 이는 건강할 때는 의사 존재를 무시하다가 병이 생기면 고객인 환자가 의료서비스 제공업자인 의사에게 쩔쩔매는 형상과 같다.

3) 진단(Diagnosis)중심으로 생각하기

'처방전에 진단하라(Diagnose Before You Prescribe)'라는 '성공하는 사람들의 일곱 가지 습관'을 저술한 스티븐 코비 박사의 유명한 명언이다.

조직 개편이라는 처방을 하려면 조직 진단부터 해야 하고 개인이 행동 양식을 바꾸려면 MBTI 등 성격 진단부터 하여야 하고, 수술이나 투약을 하려면 정밀진단을 하는 것이 병원의 프로세스이다. 그렇지만 한국 제조업의 현실은 예산에 맞추어 교체, 보강 등의 처방 즉, 수리 중심으로 업무가 진행됐다. 이제는 진단 중심으로 프로세스 혁신을 하여야 할 때이다.

프로세스 혁신의 전제는 현실(As-Is)과 앞으로의 바람직한 모습(To-Be)을 정확하게 설정해야 한다. 현실을 진단하기 위해서는 제조업 회사(Who: 법인)가 2011년 현시점(When)에서 세계적으로 어느 위치(Where)에 있는지를 정확히 진단해야 한다. 이를 요약하면 三間 즉 인간, 시간, 공간이라고 할 수 있다. 제조업 회사도 법으로 인격을 부여한 존재이기에 즉, 법인으로 현재 시간과 세계 공간적 측면의 현실을 정확히 진단하는 것이 출발점이다.

벤치마킹과 각종 자료를 통해 선진 제조업체들이 수익 모델화 하는 설비관리 모습을 그리고 왜(Why) 우리는 고장으로 말미암은 문제가 수익과 매출, 재무 상태에 지장을 주는가를 보고 그래서 무엇(What)을 하면서 무병장수를 위한 설비관리를 할 건가를 생각하면 혁신 아이템이 구체화 될 수 있다.

이런 5W 입장에서 방법론을 정리한 것이 3H(How, How Much, How Long)이다. 얼마의 기간(How Long) 동안 어느 정도의 예산(How Much)을 가지고 어떻게(How) 사람(People)과 기술(Technology)을 통합하고 참여시켜 목표하는 무병장수를 최적화할 것인가가 과제로서 실행 계획(Action Plan)이다.

5W3H는 무병장수 설비를 위한 큰 그림으로서 자리매김할 것이다.

4.4 고장률 제로 건강법

사람의 몸과 설비자산의 목적은 무병장수로 같다. 사람의 몸을 건강하게 만든 사례를 통해 설비의 무병장수를 위한 전략을 마련하는 것이 바람직하다고 본다.

신야 히로미 박사는 1934년 3월생으로 일본계 미국인 유명한 의사이다. 19세에 감기 한 번 앓고 난 이후 한 번도 아파 본 적이 없으며 의사로서 단 한 명의 환자에 대해서도 사망진단서를 발행본 적이 없는 암 재발률 0%의 세계 최고의 위장 전문의이다. 세계 최초로 대장 내시경 삽입술을 고안해 개복수술을 하지 않고 대장내시경에 의한 폴립 절제에 성공해 의학계에 크게 공헌하였다. 레이건 대통령의 의학 고문이며, 영화배우 더스틴 호프만, 디자이너 베라 왕, 벤처 거부 손정의 등의 주치의로서 세계의 경제, 문화, 정치 지도자들에게 신뢰를 받고 있는 세계적인 권위자이다.

그는 "병에 시달리며 오래 사는 것은 고통의 연장일 뿐이다!"라고 강조한다. '병 안 걸리고 사는 법' 저서에서 병 없이 오래도록 활력 넘치는 인생을 누리는 법을 읽으면서 만법일법이면 설비도 '고장 나지 않고 오래 쓸 수 있는 법'이 있을 것이고 이것이 제조업 최고경영자를 비롯한 여러 이해관계자에게 기쁨과 즐거움을 줄 수 있다고 확신하였다.

그런 관점에서 책에서 나오는 여러 건강 장수법의 내용을 설비관리와 비교하여 정리하여 보았다.

1. 우리 몸은 결코 거짓말을 하지 않는다. 그 사람이 어떻게 살아왔는지가 전부 몸에 나타난다. 마찬가지로 우리 설비는 결코 거짓말을 하지 않는다. 그 설비의 이력이 설비 자체에 나타나 있다. 다만, 엔지니어가 보지 못하고 알지 못할 뿐이다.

2. 모든 생명체에게 죽음은 피할 수 없는 숙명이다. 생명체 내 어떤 물질이 파괴 또는 소멸을 향해 진행하는 과정을 엔트로피라고 하는데, 엔트로피의 속도를 늦추어 재생 혹은 소생으로 향하는 과정을 신트로피라고 한다. 인간의 몸은 올바른 식사습관과 생활 습관을 실천하는 자기 관리를 통해 질병을 예방할 수 있다는 것이 신야 히로미 박사가 30만 명 환자의 임상 사례에서 얻은 결론이다. 설비도 마찬가지로 올바른 부품과 정기적 점검이나 관리를 통해 폐기까지의 수명을 연장하여 사용함으로써 투자 효율을 증진할 수 있다. 많은 선진 사례가 이를 증명해 주고 있다. 이를 평생설비관리라고 한다.

3. 사람의 몸은 전부 서로 간 연결되어 있다. 충치 하나가 생긴 것으로도 그 영향은 몸 전체에 미친다. 설비도 볼트 하나의 문제가 설비 전체의 기능에 영향을 미쳐 품질과 생산성 저하로 이어진다. 1986년 챌린저 우주선의 발사 직후 폭발로 7명의 우주인 전원 사망한 사고는 작은 O링 하나의 문제 때문이었다.

4. 평소의 작은 노력으로 병에 걸리지 않고 장수하는 인간과 마찬가지로 설비도 고장 없이 오래 사용할 수 있는 것은 평소의 작은 노력과 실천이다.

5. 의사의 치료만으로는 결코 환자를 건강하게 할 수 없다. 수술이나 투약보다 일상생활을 개선하여야 한다. 엔지니어가 설비 부품의 교체, 고장 수리만으로는 결코 건강한 설비를 만들 수 없다. 평소에 철저한 실천으로 고장을 사전에 예방하여야 한다. 이를 선행정비(Proactive Maintenance)라고 하여 사후정비(Reactive Maintenance)에 대비되는 방법론이다. 즉 설비가 고장이라는 반응(Reactive)에 앞서 선행적(Proactive)으로 관리하면 고장이 원천적으로 나지 않는다.

6. 식사습관과 생활습관의 실천은 암재발률 0%의 건강법뿐만 아니라 발병률 0% 건강법이 될 수 있다. 마찬가지로 설비도 고장률 제로화에 대한 목표가 실현 가능하다.

7. 사람의 몸을 세포 레벨로 파악해 무엇이 건강유지에 중요한지를 알 필요가 있다. 마찬가지로 설비도 가장 기본인 데이터별로 파악해야 무엇이 건강한 설비가 되는지를 알 필요가 있다. 이러한 데이터가 모여 정보가 되고 정보기술(IT)화 하며 이러한 데이터가 설비와 사람, 사람과 사람, 설비와 설비 간 쉽게 소통될 수 있도록 하는 것이 통신기술(Communication Technology)로써 정보+통신기술화 되는 것이 공간을 초월하는 유비쿼터스 측면의 ICT 기술(Information & Communication Technology)이다.

8. 신야 히로미 박사가 식사습관과 관련한 하나의 키워드는 엔자임(효소: Enzyme)이다. 이는 생물의 세포 내에서 만들어지는 단백질 촉매의 총칭이며 생물이 살아가는 데 필요한 모든 행위를 가능케 하는 것이다. 설비의 경우는 무생물이므로 이러한 엔자임의 변수는 별개로 그렇지만 비용만이 아닌 조금 비싸도 올바른 성능의 부품의 사용은 엔자임을 유지하는 식사습관과 연관이 있다고 볼 수 있다.

9. 생활 습관과 관련하여 인간에게 있어 병의 최대 원인은 부모의 발병 원인인 '습관'을 이어받았기 때문이다. 즉 자식이 부모와 같은 병이 걸리기 쉬운 것은 유전적 요인이 아니라 질병의 원인이 되는 습관을 이어받은 결과이다. 설비의 고장 원인은 선배 엔지니어, 혹은 독특한 그 회사만의 문화에 기인한 설비관리 습관이 대부분이다.

10. 우리 몸에는 혈액의 흐름, 위장의 흐름, 소변의 흐름, 공기의 흐름, 기의 흐름이 있으며 이러한 흐름이 막힘이 없어야 건강을 유지할 수 있다. 5가지 흐름을 좋게 하는 것이 운동이지만 지나친 운동은 백해무익하다. 마찬가지로 윤활의 흐름, 공기의 흐름, 폐기물의 흐름, 자재의 흐름과 정보의 흐름이 있으며 이러한 모든 흐름이 원활해야 설비가 무병장수할 수 있다. 설비 능력을 초과한 과도한 운전은 조기 폐기(과로사)로 이어져 새로운 투자자금을 마련하는 악순환의 단초가 된다.

11. 개별 장기별 의료는 '나무만 보고 숲은 보지 않는 의료이다. 자연은 혼자 힘으로 이루어진 것이 없는 것처럼 인간도 모든 세포와 조직이 서로 영향을 주고받으며 균형을 유지하는 것이다. 설비도 반복되는 고장이나 기능 저하는 고장 부위만을 보지 말고 반드시 관련되는 모든 부분을 협업적 측면에서 운전과 정비, 기계, 전기, 계장 등의 전문 엔지니어가 참여토록 하여야 하나 서로 간 바쁜 일정과 소통 부족으로 단편적인 경험과 지식으로 고치는 미봉책으로 전개하는 것이 일반적이다. '앞으로 필요한 것은 예방의학이다.'라고 강조하듯이 설비에도 원천적으로 고장 나지 않도록 하는 것이 앞으로 엔지니어링 방향이다.

12. 병을 치유하는 것은 단순히 나쁜 곳을 잘라 내거나 약을 투여하는 것이 아니다. 환자가 진심으로 행복해질 수 있는 동기를 부여하는 것이다. 진정한 의미의 좋은 의사란 이러한 동기를 환자에게 부여할 수 있어야 하는데 이 병을 극복하는 동기가 사랑이다.

설비에서 좋은 엔지니어란 설비에 대한 사랑으로 무생물인 설비라도 말 못하는 갓난아기처럼 살아 있는 듯 대화를 하면 근본적인 고장의 원인을 알려준다. 설비를 근본적으로 고치려는 즉, 설비와 사랑에 빠진 엔지니어는 손톱 하나로 설비에 접촉해 보면서도 이 세상 최고 성능 센서보다도 정확한 데이터를 얻어 고장방지에 대처하는 사람들이다.

4.5 선진 사례

설비관리의 최적 운영사례에 대해서 선진 사례를 요약하였다.

4.5.1 GE 항공관제 센터

1) 상태모니터링(Condition Monitoring) 단계

항공기 엔진의 유명 업체 중의 하나인 GE는 1997년부터 자체 생산한 엔진이 장착되어 운행 중인 비행기에서 직접 운전 및 상태 자료를 수집하고 이를 신시내티 항공관제센터에서 자체 개발한 소프트웨어를 통해 고객 엔진의 상태를 경향 관리하고 이를 고객 기술진에 상시 통보하여 착륙한 공항에서 예방정비에 참조하도록 상태모니터링을 시작하였다.

2) 진단(Diagnostics) 단계

단순한 상태모니터링 단계에서 발전을 거듭하여 현재는 GE 엔진을 장착한 고

객과 진단서비스 계약을 맺고 세계 어느 공항에서든지 이륙부터 착륙까지 2시간 단위로 엔진과 관련한 20개의 데이터(대기 온도, 엔진온도, 진동 등)를 인공위성을 통해 신시내티 항공관제센터로 모여진 데이터는 자동으로 프로세싱하여 이상 결함을 탐지하고, 이상 발견 시 자동 경보를 발생토록 하며 근본 원인을 분석하고 있다.

이를 GE 생산지원부서, 고객의 기술부서, GE의 진단부서에 동시 통보하여 협업적 차원에서 정비관련 사항을 조치하도록 제안을 한다. 이러한 제안을 받은 고객사는 고장에 대응한 조치를 취한 후 다시 GE 기술팀과 자료를 공유하여 전체적인 엔진에 대한 이상 유무를 한눈에 보고 판단할 수 있도록 조치하고 있다.

3) 상태기반정비(Condition Based Maintenance) 단계

앞으로 준비되고 있는 CBM 단계는 운행 중인 고객 항공기 내에서 자체 생성된 엔진 이상은 상태 기반의 데이터가 자동으로 신시내티 항공관제센터로 통보되고 근본 원인을 분리하여 데이터 기반으로 예측한다. 상태에 알맞은 정비

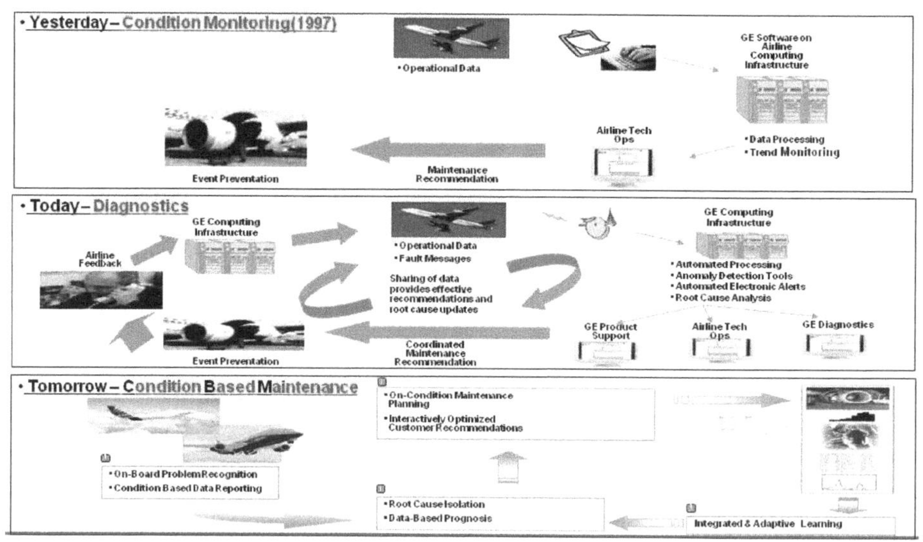

그림 4-4 GE진단기술변천

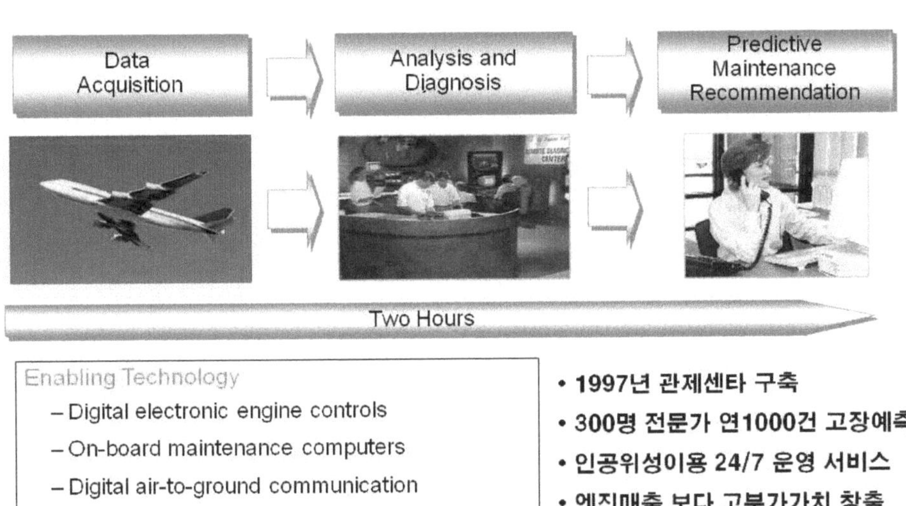

그림 4-5 GE항공센터 사례

계획은 고객과 GE 상호 간 최적화된 제안으로 통보되고 이를 학습 화 모델로 만들어 근본 고장 원인에 대한 예측을 재생성시켜서 예측에 대한 신뢰성을 한층 높이는 과정을 통해 고장을 줄이는 방법을 사용한다.

4) 새로운 비즈니스 모델

항공기 엔진이라는 제조업에 진단서비스라는 새로운 비즈니스모델을 운영 중인 GE는 1997년부터 신시내티에 항공관제센터를 운영 중이며 전 세계에 산재한 고객 항공기에 대하여 인공위성을 이용하여 24시간 365일 엔진 진단서비스를 하고 있다. 이를 통해 300명의 전문가가 연 1000여 건 이상의 고장 예측을 함으로써 엔진고장에 의한 대형 사고를 미리 방지하는 효과가 있다. 이런 장기적이고도 전략적인 비즈니스 계약을 통해 일회성인 엔진 매출에 의한 수익보다도 장기적인 진단서비스 계약에 의한 수익이 훨씬 크고 안정적인 고부가가치의 대표적인 제조 서비스화(Product Servicizing) 모델이다.

4.5.2 Lion 정유

미국 남부 아칸소주에 있는 라이온 정유회사의 정비 우수 사례는 2007년도 RCM 최우수 사례이다. 라이언 오일은 신뢰성 기반에 근거한 예방정비, 예측정비는 물론 표준화와 절차서 까지 완벽하게 구축되어 있으며 각종 진단 장비와 소프트웨어도 세계적으로 우수한 것은 거의 구매하여 사용하고 있었다. 그렇지만 고장은 간헐적으로 불시에 발생하였고 이에 근본적 원인이 무엇일까에 착안한 회사는 정합성 데이터가 문제가 있다고 보았다. 현장에서 데이터를 수집하는 현장 요원이 수첩에 일일이 적어 사무실에서 서류 작업을 통해 보고서를 만들고 이를 관리자에게 보고를 마친 데이터는 서류함과 창고에 방치되는 현실을 파악한 경영층은 모든 데이터를 실시간으로 현장에서 PDA를 통해 수집하고 설비별로 경향을 파악함으로써 설비의 이상 유무를 정상(Normal), 경고(Caution), 이상(Critical)로 구분하고 녹색, 노란색, 빨간색으로 각각 표시하는 시각화 관리를 하게 되었다. 하인리히 법칙에 의해 대형 고장으로 진행되기 전 단계에서 경고 및 이상을 직접현장에서 보고 사

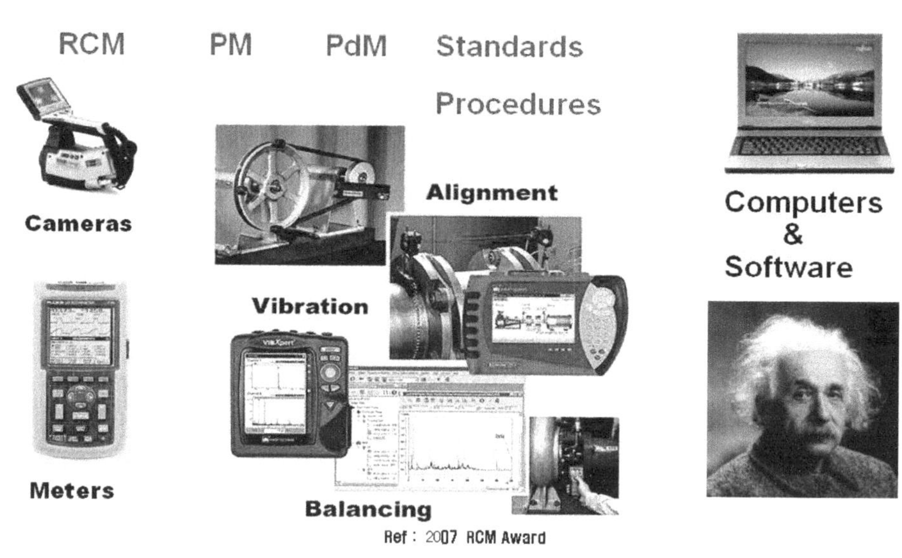

그림 4-6 2007 최우수 사례(Lion Oil)

전에 재빠르게 조치하는 결과는 즉, ‘가래로 막을 일을 호미로 막는다.’는 우리의 속담처럼 작은 이상 상태를 항상 보고 이를 사전에 막는 프로세스 혁신은 고장을 거의 발생치 않는 결과를 가져왔다.

4.5.3 AEDC(Arnold Engineering Development Center)

미구 테네시주 아놀드 공군기지에 있는 기술개발센터는 2010년도 예측정비 최우수 사례로 선정되었다. 110억 불이 투자되고 58개 실험실로 구성된 기술개발센터는 세계적으로 유일한 실험실이 14개, 미국 내 유일한 실험실이 27개로 타의 추종을 불허하는 미국의 국보급 존재이다. 군무원과 계약직원 포함 3000여 명과 5천만 평 대지 위에 각종 설비를 활용하여 기술 개발을 하고 있다.

2차 대전 이후 현재 기술까지 총망라된 설비에서 3천 마력 이상 모터의 수는 56개, 총 마력 수는 130만 마력에 이르는 거대한 설비가 산재해 있다. 이러한 설비에

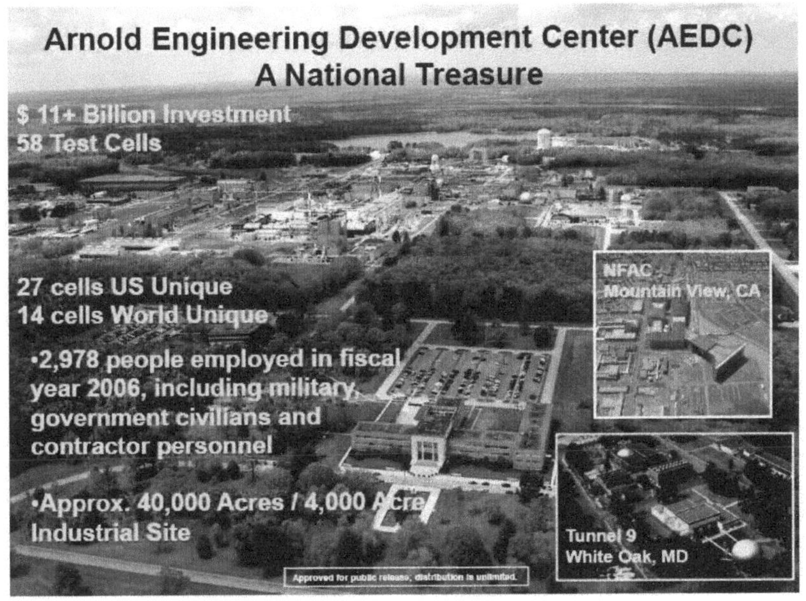

그림 4-7 AEDC 소개

서 일어나는 고장은 기술개발의 진척을 지연시켜 대대적 프로세스 혁신을 2003년에 시작하였다.

그 프로세스와 결과는 다음과 같다.

- 개선팀과 CBM팀을 결합하였다.
- 2003년 시작 당시에는 CBM에 대한 계획조차 없었으나 현재는 AEDC 임무에 따른 평가를 하고 있으며 앞으로는 지속적 개선을 위한 혁신 작업을 계속 추진 예정이다.
- 개선팀은 계약에 따라 KPI 성과지표를 활용하였다.
- 정비, 운전, 기획, 설계, 구매 등 여러 프로세스를 통합하여 진행하였다.
- 개선팀은 식스시그마, 린 방법론을 통해 다양한 혁신 기법을 도입하였다.
- 참가자 모두의 능력개발에 초점을 맞추어 다양한 자격증을 취득하도록 배려하였다. 그 결과 200여 명의 공인 엔지니어가 배출되었으며 세계적으로 한 사업장에서 가장 많은 120명의 공인 정비/신뢰성 전문가(CMRP-Certified Maintenance& Reliability Professional)를 보유하고 있으며 83명의 CBM 엔지니어(진동-8명, 윤활-8명, 열화상-20명, 초음파-35명, 비파괴 등 기타 12명)가 배출되었으며 지속적으로 능력 배양을 할 예정이다.
- 정비에 대한 시각을 재무 및 설계분야에서 바꾸게 된 것은 2003년 이후로 꾸준히 자격증을 비 정비부서에서도 따도록 배려한 경영진의 의지 덕분이었다. 경영진의 70%도 CMRP 자격증을 취득하여 정비의 중요성을 새롭게 인식하였다.

4.5.4 BP(British Petroleum)

세계적인 석유 메이저인 BP는 1990년대 후반에 Amoco, ARCO, Veba, Castrol 등 전 세계 많은 석유회사를 인수 합병하는 과정에서 피 합병회사의 다양한 정보시스템과의 통합에 중점을 두어 2002년부터 eRTIS라는 프로젝트를 시작하고 2004

년까지 4,500만 달러를 투자하였다.

피 합병회사의 기 사용 중이던 정보 시스템 현황은 다음과 같다.

- 정비관리시스템: Maximo, SAP/PM, Teroman, MMS 등
- 실험실관리시스템: Sample Manager, WinBliss, 등
- 실시간 운전시스템: PI, PHD, IP21 등

이러한 다양한 시스템의 운영에 따른 해결방안을 다음과 같이 완성하였다.

세계 각처에 있는 공장의 다양한 IT인프라, 애플리케이션, 데이터 때문에 전사적 비즈니스 변화에 따른 지속적 대처가 심각하게 방해받고 있음을 보고 공통적 운전 환경을 제공하고 14개 세계적 규모의 정유시설에 대한 인프라, 애플리케이션, 데이터를 통합하는 프로젝트를 대대적으로 진행하였다.

구축된 솔루션 내용은 다음과 같다.

- 공통적 데이터 모델
- 허브에 의한 공통적인 인프라의 통합(Mega Center)
- 'Build Once, Use Many' 정책에 따라 공통 애플리케이션의 공급

상호 연계된 인터페이스 내용은 정비시스템, 실험실관리시스템, 문서관리시스템, 도면관리시스템, 실시간 데이터베이스 관리시스템 등이다. 이러한 연계는 70개 이상의 솔루션이 통합되었으며 공장별 특별한 데이터는 비영리 기관인 MIMOSA 형식으로 전환되었다.

MIMOSA.org에서 볼 수 있듯이 O&M 분야에서 표준을 추구하는 비영리 공인 기관은 운전과 정비에 요구사항을 만족하는 데이터 모델을 제시하고 ISA, SP-95등의 기타 표준과도 연계할 수 있는 개방형 표준을 제공하고 있다. BP는 이상적인 개발을 통한 개념화 보다는 실제적으로 적용할 수 있는 연계 표준을 채택하였다.

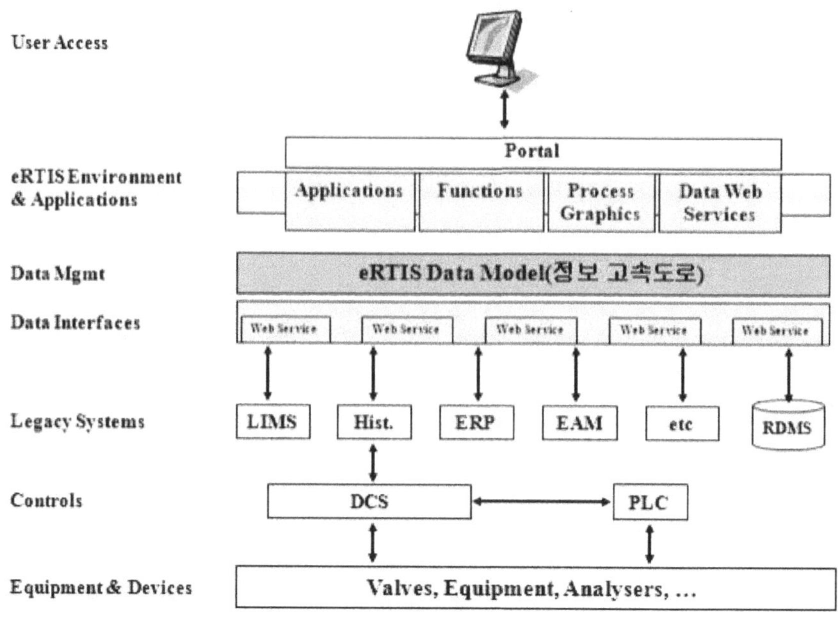

그림 4-8 BP 정보 통합 사례

4.5.5 K-Power

전남 광양시에 있는 K-Power는 SK와 BP의 합작으로 만들어진 가스터빈발전소다. 가스 수입 판매에서 벗어나 발전소 운영을 통한 사업변환을 한 사례로서 발전소 운영 경험이 전혀 없어 현재 전문 GE에게 O&M 서비스를 위탁하여 운영하고 있다.

GE가 년 1,000억 원 이상 고가의 위탁 서비스 비용을 받고 운영하는 전 세계의 발전소는 약 100여 개로서 국내에서도 최우수 효율을 내는 발전소이다. 주목 할 만한 점은 중동에서 실고 온 LNG(CH4)원료가 생산지별, 제조일자에 따라 구성성분이 다르기 때문에 발전소 현장에서 분석을 하고 미국본사의 데이터베이스를 통해 최적화된 연소효율을 찾아내어 미국 본사에서 직접 원격 운전하므로써 최고의 발전효율을 유지한다는 점이다. 이는 LNG원료에 대한 정밀 분석과 오랜 세월 축적된 데이터베이스가 없으면 불가능 할 뿐만 아니라 이것은 지식서비스의 대표적인 사례다. 이는 GE의 핵심역량인 가스터빈 제작기술과 설치기술, 수리 서비스라는 기술 축적이 전제되었기에 가능하며 우리 제조업에게도 새로운 비즈니스 모델로서 시사하는 바가 크다.

4.6 목표설정과 Be/Do/Have

기업 운영을 달리는 자전거에 비교한다면 최고경영자는 자전거를 타고 목적지를 향해 힘차게 달리는 사람이고 방향을 이끄는 앞바퀴가 전략이며 페달을 밟아 움직이는 뒷바퀴가 프로세스이다. 전략은 가장 경쟁력 있는 사업을 통해 살아남는 생존의 문제이며 프로세스는 세계에 널리 통용되는 원칙으로서의 만법일법(萬法一法)이 적용되는 과정 즉 프로세스이다.

이를 미션, 비전, 목표와 함께 상관관계를 정리하였다. 미션은 기업이 존재하고자 하는 목적, 즉 시대적 사명감을 뜻하며 스티브 잡스의 애플사는 '사람들이 기술을 즐기는 방식을 혁신한다'가 대표적인 미션이다. 비전은 장기적으로 구현하고자 하는 미래의 모습이며, 전략은 비전 달성을 위한 제조업 법인(개인도 동일함)의 SWOT(Strength, Weakness, Opportunity, Threat-강점, 약점, 기회, 위협) 분석에 따른 활동 방향과 자원 배분 방법이며 목표(Goal)는 단기적 획득 목표이며, 프로세스는 전략 실행의 세부적 접근 방법이며 특정 목적 달성을 위한 일련의 행동을 말한다. 현재의 상황(As-Is)을 그대로 현실적으로 진단하고, 앞으로의 바람직한 모습(To-Be)으로 이동해 가는 것을 프로세스 혁신(PI: Process Innovation)이라고 한다.

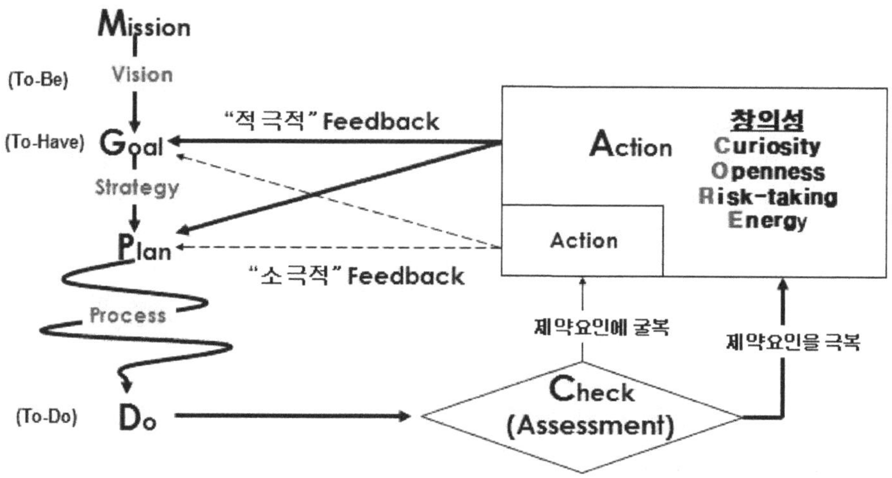

그림 4-9 PDCA사이클과 피드백

이러한 프로세스에는 PDCA(Plan-Do-Check-Action)의 순환 사이클이 적용되는데 혁신은 조금 나아지는 것이 아니라, 엄청나게 좋은 변화를 가져와 과거로 돌아갈 수 없게 만드는 것이다. 이는 아인슈타인이 말한 것처럼 "같은 행동을 하며 다른 결과 성과를 기대하는 것은 정신 이상자이다"라는 말을 의미있게 새겨야 한다.

현실의 제약요인에 굴복할 경우의 Action과 창의성을 가지고 제약요인을 극복할 경우의 행동이 목표와 계획과의 상관관계를 표시하였다.

표 4-2 미션과 피드백 상관관계

확실한 **Mission**	**Competition Loss** (현실안주, 도전회피)	Continuous Growth **(지속성장)**
불확실한 **Mission**	**Disruption** (지리멸렬)	**Effectiveness Drop** (많은 시행착오)
	'소극적' Feedback	'적극적' Feedback

확실한 미션을 가지고 적극적 피드백을 할 경우는 기업이나 개인이 지속적으로 성장하지만 확실한 미션을 갖고도 소극적 피드백을 할 때는 현실에 안주하거나 도전은 회피하게 되고 불확실한 미션을 갖고 적극적 피드백은 돈키호테처럼 수많은 시행착오를 하게 되며 불확실한 미션과 소극적 피드백이 만나면 지리멸렬하게 된다.

우리는 영어의 가장 기본적인 동사인 Be, Do, Have를 가지고 과거, 현재, 미래 관점에서 정리한 표를 보기로 하자.

개인과 조직의 바람직한 앞으로 모습을 To-Be/ To-Do/ To-Have라 한다면 과거의 모습에서 개인적 이력과 조직의 역사가 그려질 것이다. 개인이 이력서를 쓴다는 것은 과거와 현재의 모습을 서술하는 것이고 꿈을 그린다는 것은 앞으로 1년, 3년, 5년, 10년, 30년, 50년의 모습을 그리는 것이다.

앞으로 1~3년을 내다보지 못하는 불투명한 기업 환경에서 적어도 설비관리 분야는 10년 앞을 내다보고 시스템과 인력을 양성치 않으면 탁월한 운영을 하기에는 무리가 있다는 것이 선진 사례의 결론이다. 각 항에의 기록은 너무 많으면 분산되므로 3개씩으로만 한정지어 기록하는 것이 바람직하다.

표 4-3 To-Be/Do/Have와 과거/현재/미래 관계

	과 거	현 재	미 래			
			1년	3년	5년	10년
To-Be	1. 2. 3.	1. 2. 3.	1. 2. 3.	1. 2. 3.	1. 2. 3.	1. 2. 3.
To-Have	1. 2. 3.	1. 2. 3.	1. 2. 3.	1. 2. 3.	1. 2. 3.	1. 2. 3.
To-Do	1. 2. 3.	1. 2. 3.	1. 2. 3.	1. 2. 3.	1. 2. 3.	1. 2. 3.

4.7 성공방정식

모든 사람이 인생을 살아가며 혹은 직업으로서 주어진 어떠한 일에 실패치 아니하고 성공하고 싶어 한다. 그렇지만 대부분은 실패하고 만다. 성공하려면 어떠한 조건이 성숙하여야 성공할 수 있을까? 특히 무병장수의 설비관리를 통한 제조업의 성과창출이라는 국한된 분야에서나 부자가 되고 싶은 모든 세상 사람들의 일반적인 희망이나 그 원리는 다음과 같다. 각각의 조건이 모두 곱하기로 되어 있어 하나만 Zero가 되어도 모든 것이 Zero가 되는 가장 기본적인 원칙이다.

첫째, 무슨 일을 하거나 일에 대한 필요성이 최우선적으로 가슴으로 느껴야 한다. 무병장수를 설비에 왜 적용해야 하는지에 대한 인식도 없이 위에서 무조건 시키니까 하는 식의 일은 절대로 성공할 수 없다. 그러한 '실패'의 결과는 방관자적 자세로 나다니 "이것은 나의 일이 아니니 관심 없어(None of My Busincss)" 하는 식의 행태가 되기 마련이다.

두 번째로 무병장수에 대한 필요성을 절실히 느꼈어도 과연 그렇게 될 수 있다 하는 확고한 확신이 없으면 무병장수 목표가 회의에 빠지기 마련이다. 여태껏 고장난 설비를 밤새우며 고치면서 경영진이나 관리자에게 존재감 과시하며 바쁘게 살아 왔는데 내가 혼자 이런 일을 할 수 있을까? 혹은 주변에 이러한 방향에 대한 정보를 제공해 줄 수 있는 사람과 예산도 없는데 할 수 있을까 하는 인식이 들면 이 역시 실패할 수밖에 없다.

세 번째로 무병장수에 대한 '필요성'과 가능성에 대한 '확신'이 있어도 '비전'이 없으면 혼란에 빠질 수밖에 없다. 비전은 현재는 안보이지만 미래의 바람직한 설비의 무병장수한 상태를 미리 보는 것이다. 그렇지만 다른 선진 기업들의 무병장수 노력에 대한 지속적인 정보나 벤치마킹 없이 혼자서 완벽한 큰 그림(Big Picture)

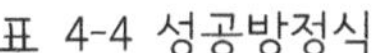
표 4-4 성공방정식

필요성 ~ 최우선조건(信解行證)

필요성		확신		비전		행동(99%)		Benefit		결과
zero	×	확신	×	비전	×	행동	×	Benefit	=	방관
필요성	×	zero	×	비전	×	행동	×	Benefit	=	회의
필요성	×	확신	×	zero	×	행동	×	Benefit	=	혼란
필요성	×	확신	×	비전	×	zero	×	Benefit	=	좌절
필요성	×	확신	×	비전	×	행동	×	zero	=	무시
필요성	×	확신	×	비전	×	행동	×	Benefit	=	**성공**

을 그린다는 것은 불가능하며, 각 요소기술 분야 전문가 말에 흔들리게 되어 자기가 추구해야 하는 모습은 보이지 않고 머릿속만 혼란스럽게 되는 것이 일반적이다.

네 번째로 필요성, 확신, 비전을 확실히 가지고 있어도 이를 행동에 옮기지 못하면 좌절하고 만다. '인간은 건강하고 오래 살아야 해'하는 말은 세 살 먹은 애도 알지만 여든 먹은 노인도 행동하기는 어려운 것이다. 건강이 어느 순간 '펑'하고 연기와 함께 귀한 보석처럼 나타나는 것이 아니기 때문이다. 다른 모든 것이 완벽하게 갖춰져 있어도 비율로 보면 99%가 행동이다. 에디슨이 말한 '천재는 99%의 노력과 1% 영감으로 이루어져 있다'라는 말과 일맥상통하는 것이다.

다섯 번째로 필요성, 확신, 비전을 가지고 장기간에 걸친 로드맵을 정해 예산과 사람 등 자원을 투입할 때 각 개개인 혹은 조직이 확보할 수 있는 Benefit이 없다면 아무리 좋은 계획이라 할지라도 무시될 수밖에 없다. 개인적으로는 이러한 일을 해 봄으로서 자기 계발이 가능하다든지 '50 청춘~70 중년~90 노년'의 시대에 퇴직 후 활용할 전망이 보인다든지 하는 자기가 마음속으로 획득할 활용 가치가 없으면 동기부여를 이끌어낼 수가 없다. 부서조직도 위험, 비용, 생산성, 품질 간에 정신적 혹은 물질적 이익(Benefit)의 나눔이 없다면 타 부서, 타 조직의 동참을 이끌어낼 수가 없기에 실패할 수밖에 없다.

무병장수의 설비 만들기의 길은 멀고 험하다. 하나하나가 장애물이어서 실패하면 결과는 그동안 투입된 시간과 예산의 낭비로 이어진다. 선진 사례에서 보듯이 10년 이상에 걸쳐 무수한 반복적 실패와 좌절을 거쳐 오늘날 무병장수 설비로 세계적 경쟁력을 확보하는 것이지 어느 한순간 예산과 인원의 집중적 투입으로 무병장수가 확보될 수 없는 것은 인간의 건강과 관련하여 유추해 보면 쉽게 이해할 수 있다.

4.8 사이버 헬스 아바타와 설비 고장

환자가 자신의 아바타로 건강관리를 하는 개념은 서울대 의대 시스템 바이오정보의학연구센터(김주한 소장)에 의해 소개되었다. 초고령 장수 사회인 100세 시대에 사는 현내인들에게 질병 관리에 획기적 변화로 가져올 수 있으며 이는 설비관리에도 같은 적용을 할 수 있다.

환자가 자기 몸에 증상 이상 시 직접 병원을 찾아 문제와 해결책을 마련하는 방식에서 첨단 IT 기술로 환자 의료 기록과 개인 고유생활 습관, 건강정보가 통합된 '환자 맞춤형 예방의학' 체계로 패러다임 변화를 가져오는 획기적 개념이다. 이는 건강과 관련한 모든 기록과 정보를 한곳에 모아 시간 경과에 따른 변화와 트렌드를 잡아 조기 관리하는 개념이다.

100세 시대에는 환자의 각종 의료 및 바이오 정보와 의료전문가 그룹의 다양한 진단 처방 프로그램이 사이버상에서 만나는 새로운 장소를 형성함으로써 환자는 수천 명의 의사를 한 번에 만나고 의사는 수천 명의 환자 데이터를 활용해 질병 트렌드를 쉽게 파악할 수 있다.

이러한 환자의 데이터 종류와 프로세스를 설비관리와 함께 정리하였다.

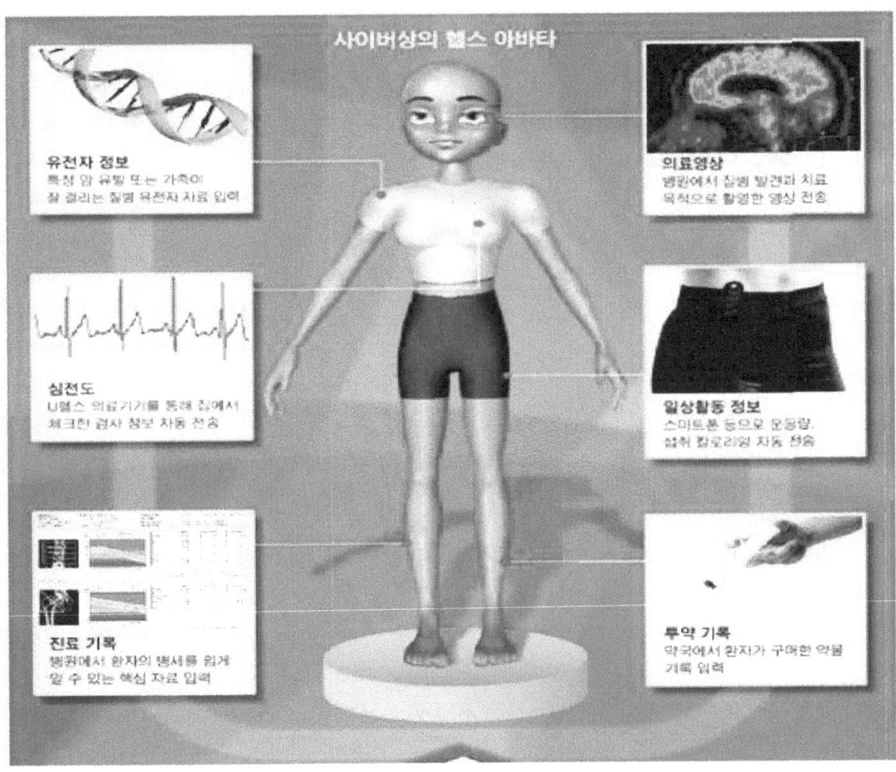

그림 4-10 헬스 아바타

1. 유전자 정보 - 특정 암 유발 또는 가족이 잘 걸리는 질병 유전자 자료를 입력한다. 설비의 설계 정보는 고장의 근원적 문제점일 수 있는 귀중한 자료이다.

2. 심전도 - 유비쿼터스 헬스 및 의료기기를 통해 집에서 간이진단한 결과를 자동으로 통보한다. GE 항공관제센터와 같이 계약을 맺은 고객에게서 자동으로 설비로부터 수집된 정보를 고장 방지에 활용한다.

3. 진료 기록 - 병원에서 환자의 병세를 쉽게 알 수 있는 핵심자료를 입력한다. 설비의 고장 이력, 수리 및 정비이력 등을 차후 고장을 대비하여 상세히 기록한다.

4. 의료 영상 - 병원에서 질병 발견과 치료 목적으로 촬영한 영상을 전송한다. 정밀 진단장비를 갖춘 전문 외부용역 업체가 고객의 중요한 설비를 열화상 장비로 진단하여 고장 예방에 활용한다. 현재 한국전력 등에서는 전선주에 있는 변압기 상태를 외부용역업체가 열화상 장비로 주기적으로 진단하고 있다.

5. 일상정보 활동 - 스마트폰 등으로 운동량 및 섭취 칼로리 양을 자동으로 전송한다. 현장 점검 요원이 현장의 모든 설비 상태를 스마트폰으로 입력하여 자동으로 전송할 수 있다.

6. 투약 기록 - 약국에서 환자가 구매한 약물을 기록 입력한다. 설비관리에 사용되는 모든 부품 명세를 입력 기록한다.

7. 현실 세계에서의 평가는 각 분야 전문가에 의해 다음과 같이 진행한다.

- 의사는 여러 진료 분야 전문의가 접속하여 환자가 어떤 질병에 걸릴 위험이 있는지 분석하고 치료 방향을 제시한다. 설비 설계엔지니어, 운전 및 정비 엔지니어, 정밀진단전문가, 품질엔지니어, 구매전문가 등 각 분야 전문가가 모여 고장 방지에 대한 각종 자료를 분석하고 무병장수 방향을 제시한다.
- 간호사, 영양사, 운동트레이너는 환자의 질병 관리의 문제점을 분석하고 생활 습관 개선 방향을 제시한다. 현장엔지니어는 설비 현장에서의 문제점을 분석하고 닦고 조이고 기름치는 고장에의 기본적인 필수 지침 수행 여부를 확인한다.
- 생명공학자는 유전자 정보를 분석하여 어떤 질병이 위험하고 무슨 암이 조심해야 하는지를 예측한다. 설계전문가는 자주 고장 나지만 원인을 알 수 없는 부분을 설계에서부터 다시 검토 보완한다.
- 의료정보학자는 환자의 의료기록을 분석하고 통합 관리한다. 설비관리 엔지니어는 설비고장과 진단 기록, 사용 부품 명세 등 관련 자료를 통합하여 설비별로 통합 관리한다.

5.1 프로세스(Process) 혁신

5.2 사람(People)

5.3 플랫폼(Platform)

5.4 정보(Information)

5.5 지식(Knowledge

5.6 의사결정

Chapter 5

가치창출의 방법론

Intro

지금껏 고장과 관련한 고통스런운 기업현실, 근본원인, 앞으로 바람직한 모습을 보았다. 전략은 기업이 가장 경쟁력 있는 사업을 통해 자신의 강점, 약점, 기회, 위협 요인(SWOT)분석을 통해 살아야 할 생존의 문제라면, 프로세스는 세상에 널리 통용되는 만법귀일로서의 근원적 법칙 즉 인과의 법칙에 따라 하는 자연법칙이다.

무병장수를 통한 가치 창출을 위한 단계 즉 사슬로 이어진 것을 프로세스 혁신 방법론은 사람(People)이 일하고 즐기는 마당인 플랫폼(Platform)은 분리하여 프로세스 혁신으로 접근하면 성과가 감소하거나 성과가 나더라도 일정 수준에서 정체되는 것이 MIT공대 Brynjolfsson 교수에 의해 검증되었다.

이에 따라 Process, People, Platform에 대해 하나씩 살펴보고 Platform의 바탕을 이루는 Technology(Hardware와 Software)의 측면인

Data ⇒ Information ⇒ Communication ⇒ Knowledge ⇒ Decision-making ⇒ Action ⇒ Value

라는 사슬로 이어진 각 부분을 설명키로 한다.

프로세스의 이해를 돕기 위해 개인과 조직인 기업을 비교하였다

- 개인의 생각 및 의식은 기업의 이념, 미션이다.
- 개인의 일회성 행동은 기업의 관행, 플랙티스이다.
- 개인의 지속적 습관은 기업의 업무방식 즉 프로세스이다.
- 개인의 성품은 기업의 문화이다.
- 개인의 운명은 기업의 흥망성쇠이다.

우리는 개인의 의식이 행동을 바꾸고 행동이 모인 습관이 성품을 바꾸며 성품이 인생을 좌우하는 것을 알고 있다. 즉, 한 생각 바꾸면 인생이 바뀌는 것처럼 기업도 프로세스를 혁신함으로써 흥망성쇠를 좌우하기에 최고경영자들이 설비혁신을 포

함한 각 분야 프로세스 혁신에 전념을 다하는 것이다. 아인슈타인은 "같은 행동을 하며 다른 결과를 기대하는 것은 정신이상이다."라고 한 것처럼 우리는 혁신을 통한 다른 행동을 통해 다른 성과를 만들어내야 생존할 수 있다. 혁신은 절대 쉬운 일이 아니다. '쉬운 싸움에서 이기는 것보다 어려운 싸움에서 패배하는 것이 인간을 성숙하게 한다.'라는 산악인 딕 베드의 말을 음미하며 어려운 프로세스 혁신 작업을 하며 기업은 생존을 위한 성숙단계로 진입한다.

습관 즉, 프로세스란 올바른 의사결정에 의한 올바른 행동이 아니라 자동으로 넘어가는 행동이므로 잘못된 프로세스에 의한 잘못된 행동은 개인이나 조직에게 만성적 질병으로 정의되는 암적 존재와 같이 파멸로 이끌어 가는 핵심 요소이다. 시스템은 정형화된 프로세스 체계로서 일회성 개선이 아닌 지속적 개선으로 이끄는 방법론이기에 '사람이 아닌 시스템이 일하게 만들자(Let System Work)' 선진 기업에서는 업무문화로 작용하기에 개인이 한 달씩 휴가를 가도 전혀 업무가 지장 없이 돌아가는 것이다.

미국 워싱턴 D.C.의 아래 응급환자 구조 시스템 개선은 설비관리에도 시사하는 바가 크다.

- 환자 정보 공유 DB를 8개 병원에서 100개로 확장
- 동일 의료진 인원만으로 3만 명에서 7만 명 진료 관리 가능
- 간호사는 부수적 서류정리에서 환자 돌보기 시간 확대로 프로세스 혁신
- 의사는 응급 환자기록 찾기의 시간 낭비에서 회진시간 확대로 혁신
- 응급환자 관련 기술혁신으로 통합화/구체화/시각화 측면 의료IT 융합

5.1 프로세스(Process) 혁신

5.1.1 설비혁신

혁신(Innovation)은 조금 나아지는 게 아니라 엄청 좋은 큰 변화를 가져와 과거로 돌아갈 수 없게 만드는 것이고 이의 핵심적 역할을 정보기술(IT)이 담당하고 있다. IT는 공기와 같은 존재로서 전에는 독립적인 사업으로 성장하였으나 이제는 의료IT, 제조IT, 관광IT, 국방IT 등 모든 분야에 필수 불가결한 융합영역으로 자리매김하고 있다.

본서에서는 제조IT 영역 중 설비IT 측면으로 한정 지어 설명한다. 프로세스 혁신(PI)을 위해서는 People이 Platform에서 일하면서 Process를 혁신하는 3P가 전제된다. 이 경우 5W1H에 의한 접근 방법보다는 기간과 예산을 포함한 개념인 5W3H로 접근토록 한다.

Why(혁신이유)

험난한 세계화 경영환경 아래 확실하고도 통제 가능한 Profit Center의 필요성 대두

Who(혁신주체)

5~10년이라는 장기간을 한결같이 주도할 혁신 사무국과 개선 리더 및 지도역할의 컨설턴트

◆◆ When(실행시기)

가시화되는 작은 개선 성과가 주변 이해관계자에 공감을 갖도록 즉각 시행하고 성과를 확인한 후 확산

◆◆ Where(혁신대상)

우선은 운전과 정비를 대상으로 하고 품질, 안전, 환경, 구매, 재무 등 모든 부서 참여토록 확산하되 People, Technology(하드웨어, 소프트웨어)를 중심으로 한 Process

◆◆ What(혁신목적)

설계부터 폐기까지 평생 관점에서 설비의 무병장수화(無病長壽化)

◆◆ How(혁신방법)

- 세계적 표준의 도입 및 실행(앞으로 국외 공장 실행 대비)
- 취약 설비 시범 적용 및 전 공장 확산(내부 컨설턴트 양성 필수)
- People(변화관리)과 Technology(하드웨어, 소프트웨어)를 이용한 통합 진단 및 해석기술 확보를 통한 프로세스 최적화에의 동시 접근(People과 Technology를 별개로 접근 시 미미한 성과가 현재까지의 대부분 혁신 방법론으로 실패함)

◆◆ How Much(혁신 예산)

성과를 구체적으로 확인하기까지는 작은 예산으로 시작하되 성과 확인 후 대대적인 확산에 따른 최고경영자의 후원자격을 확보

◆ How Long(혁신 기간)

지속적 개선이라는 관점에서 무한성을 요구하나 5~10년 걸리는 특수성을 참작하여 1년, 3년, 5년 단위로 기간을 세분화

이러한 5W3H에 대한 Action Plan(실행계획)이 구체적으로 정해지면 다음과 같은 접근 방법으로 구체화한다.

1) Process 측면

O&M 관련 업무의 프로세스 재설계(BPR 관점-Business Process Reengineering)

- 단순 반복적 업무는 외주화 방안 수립
- 자체 인력에 대한 업무 수준 고도화
- 앞으로 규제로 작용할 PAS 55(ISO55000-2014년 말 제정 예정)에 대한 방법론 적용

2) People 측면

전문 인력 역량 강화 및 변화 관리

- 요소 기술에 대한 국제 인증 교육 제공으로 엔지니어의 동기부여 확산(퇴직 프로그램으로 적극 활용)
- 국내외 선진기업 벤치마킹으로 인한 변화관리
- 해외 콘퍼런스 참가를 통한 비전 제시

3) Platform(Technology) 측면

多 고장 취약설비의 고장 제로화

- 현장 엔지니어의 필요사항 청취 및 상세 개선 분야 도출

- 설비 고장의 핵심 요인인 통합 윤활관리에 대한 집중적 시행
- 현장에서의 점검 항목 표준화 및 정합성 데이터베이스 구축
- 통합 진단(전기 수전부터 설비 라인 말단까지)시스템 구축

5.1.2 5W3H 상관관계

100세 무병장수를 희망하는 개인이나 100년 이상 존속을 희망하는 제조업이나 생존을 위해 혁신하여야 한다는 결론에는 이의가 없다. 그렇지만 일반적 혁신이건 파괴적 혁신이건 혁신을 하려면 현재의 나 혹은 회사의 모습(As-Is)과 앞으로 생존해 있는 바람직한 모습(To-Be)이 전제되어야 하는데 이 개념은 피상적 혹은 관념적일 수도 있어 우리가 항상 사용하는 일반적인 5W1H(Who, When, Where, Why, What, How)를 확장하여 How Long(기간), How Much(비용)까지를 포함한 5W3H로 설명하고자 한다.

[엄홍길 세계최초 히말라야 16좌 완등]

1. AS-IS : 현 황(結果) "Where, When, Who"
2. RCFA : 근본 原因 고장 분석 (Root Cause Failure Analysis) "Why So"
3. TO-BE (頂上) : Best World Class "So What"
4. Know-How(道) : 방법론(How Much & How Long)

그림 5-1 5W3H

1)As-Is(Who, When, Where)

인간은 자연인이든, 법에 따라 인격을 부여받은 법인이든 이들은 모두 주체인 Who에 해당한다. 현재 2011년 2월 6일 시점(When), 한국 울산광역시(Where)에서의 As-Is는 三間 즉, 人間, 時間, 空間이라는 3차원의 한 점에 있는 제조업 설비의 모습이다. 우리 제조업의 현재 모습을 알기 위해 자체적으로 혹은 외부 전문가 시각으로 컨설팅 회사를 고용하여 진단하곤 한다. 진단한다는 것은 개인적으로 행동을 바꾸기 위한 성격 진단이 될 수 있고, 조직의 설비관리 혁신을 위한 설비 진단일 수가 있다.

소크라테스는 강조하였다. "너 자신을 알라!" 과연 나를, 우리 제조업을 제대로 아는 사람이 얼마나 될까? 인류가 생겨나고 이 문제를 풀기 위해 많은 철학자와 종교가 생겨났지만, 진정으로 인간 자신에 대한 본성을 알고 그에 대처한 인류의 스승을 석가, 예수, 공자, 소크라테스 정도를 꼽고 四聖이라 한다. 그렇지만 지금도 많은 수행자가 인간의 본성을 깨우치기 위해 집과 사찰 혹은 수도원에서 정진하고 있다.

이러한 본성의 깨우침까지 가지는 못하더라도 적어도 생존을 위한 자기 진단의 방법이 As-Is 파악이다. 세계 최고봉인 에베레스트 산을 등반하려는 등산가로서 베이스캠프에서 정상을 바라보는 모습을 그려보자. 현재 두 발로 서 있는 그 점이 As-Is이다. 정상을 망원경으로 바라보고는 있으나 안개에 의해 혹은 저 앞에 있는 산에 가려 정상(To-Be)은 보이지 않는다.

2) Why(Root Cause)

왜 죽음을 무릅쓰고 정상에 올라가려 하냐는 우매한 질문은 왜 행복하려 하냐는 질문과 같다. 설비관리 입장에서 바라보는 왜(Why)는 생존을 위한 방법론에서 선택될 수 있는 가장 손쉬운 대안이다. 그렇지만 설비고장으로 리스크, 비용, 품질, 자본 생산성 등 모든 영향을 줄 수 있는 개념은 무병장수이다. 이로써 나타날 수 있는 질문은 종종 자체 혁신 팀에서 혹은 외부 컨설팅 회사에서 다음과 같은 Why So? (왜 그렇죠?)로 정리되고 있다.

- 왜 설비가 자주 고장이 나지요?
- 고장의 근본 원인은 무엇인가요?
- 왜 예정된 설계 수명을 다하지 못하고 일찍 폐기되나요?
- 왜 투자비가 이렇게 많이 들죠?

3)To-Be(What)

등산가에게 왜 금방 내려올 정상을 가기 위해 그렇게 목숨을 겁니까? 라는 질문을 많은 등산 문외한들이 하고 있다. 그렇지만 짧은 시간 내 정상에서의 등정 증명사진을 셰르파가 즉각 촬영하고 부지런히 하산하지 못하면 정상 등정의 기록은 이루어지지 못한다. 정상에서의 환희와 절정을 이겨내지 못하고 흥분하여 방심하다가 사고가 나는 경우가 1950~2006년 사이 히말라야 정상을 등정한 2,854명 가운데 255명이 추락사하였고 그중 48%가 정상 등정 직후 추락사 하였다.

정상에서 추락하는 것은 우리 인간이나 기업에도 마찬가지로서 성공의 최정상에 있던 존재가 한순간에 망하는 경우를 많이 보고 있다.

최근 회계부정으로 미국 7대 대기업이던 엔론 에너지 기업의 파산, 서브프라임 모기지로 인한 금융위기를 가져온 미국 대표적 투자은행 리만브라더스의 파산 등 최정상의 기업들이 일순간에 파산하는 것은 우리에게 세계 정상에서도 쉽게 추락할 수 있다는 점에서 시사하는 바가 크다.

이러한 정상(To-Be)에서의 삼간도 Who, When, Where의 3W로 구성된 바람직한 무엇(What)이다.

4)How(방법론)

등산가가 베이스캠프에서 셰르파와 함께 정상에의 첫걸음을 떼는 순간부터 방법론이 필요하다. 누구나 자신을 대충 알고, 왜 사는지도 대충 알고, 정상이라는 모습도 대충하는 식으로 하다가는 정상에 가기 전 혹은 귀환 중에 죽을 수도 있다. 즉 생과 사의 갈림길에서 생존의 방편으로, 탁월한 셰르파를 고용하듯 개인에 있어서는 멘토, 코치 등을 자기 인생의 셰르파로, 기업은 컨설팅 회사를 셰르파로 삼고 생존에의 방법론을 찾아가는 것이다. 유명한 셰르파는 정상을 많이 다녀온 사람이거나, 다녀오지는 않았지만, 주변의 많은 정보를 통해 정상에의 무사귀환 왕복 과정에 대한 충분한 방법을 알고 있다.

등산가와 셰르파는 피를 나눈 형제보다도 더한 심정으로 '같이 살지 못하면 같이 죽는다.'는 절박한 심정으로 한정된 예산(How Much)과 기간(How Long)을 정해 정상 등정에 대한 로드맵(일정)을 정하는 것이다.

무병장수를 위한 설비관리도 다른 선진사례에서 나타나듯 많은 실패사례를 거울삼아 한정된 자원(Resources) 즉, 시간, 사람, 예산을 잘 활용하여야 한다.

5) 5W3H 기획안 사례

아래는 지식경제부 지역혁신 과제로 진행되는 울산테크노파크에서의 GMS(Green Management Service) 사업으로 만들어 본 '녹색 경영을 위한 중소기업 데이터센터 운영' 안 예시이다.

◆◆ 데이터센터 운영방안

1. Why(필요성) - 중소기업 녹색경영 활성화를 위한 지속적 개선(측정 없이 개선 없다-대전제)

2. Who(주체) - (재) 울산테크노파크 / 울산지역 퇴직공장장 모임(NCN: New Challange Network) / 중소기업 문제점을 해결할 지식서비스 제공업체(Service Provider)

3. When(실행시기) - 중소기업을 위한 자금 확보 시

4. Where(대상) - 개선 의지가 있는 중소기업 5~10개사 핵심공정 및 설비

5. What(목적) - 정합성 '측정' 데이터의 통합모니터링 및 '개선' 방안 지도

6. How(방법)

- 글로벌 표준 모니터링 시스템 시범 도입
- 핵심설비/공정 시범 적용 및 성과 확인 후 확산
- People(先 변화관리)과 Technology(통합진단/해석 기술) 동시 시행하며 프로세스 혁신

7. How Much(예산) - 3억(1차년도) 10억(2차년도) 30억(3차년도)

8. How Long(기간) - 1년/3년/5년/무한

방법론을 구체적으로 설명하면 다음과 같다.

1. 국제표준에 알맞은 솔루션 도입하여 NCN 및 서비스 제공자 기술능력 배양
2. 설치비 및 데이터센터 월 사용료 자금 지원(50~80%): 초기 중소기업 참여도 제고
3. 사전 인터뷰로 개선 대상 중소기업 선정(의지 및 선행 투자 가능 확인)
4. NCN과 서비스제공자에 의한 핵심설비/공정의 '개선과제 명확화' 지도
5. 개선과제: 전기, 스팀, 가스 등 에너지 저감, 화학물질 사용저감, 원가절감 등
6. 각 요소기술(전기, 모터, 기계) 전문가에 의한 측정데이터 선정 및 측정장치 설치
7. 최소 1년간 데이터베이스화하면서 실행 가능한 과제 도출
8. 정합성데이터 측정방법
    - 원격 온라인 모니터링
    - 주기적 정밀 모니터링

9. 원격 온라인 모니터링 이상 시 SMS 통지 및 원격 개선 코칭

10. 녹색경영과 액션러닝 융합과정(관리+기술) 운영으로 중소기업 내부 개선 리더 양성

11. 시범 사업성과 확인 후 확대 적용(타 설비/공정/타 중소/대기업)으로 수익 모델화

5.1.3 진단과 처방 이원화 접근방법론

성공한 사람들의 하인은 습관이다. 실패한 사람들의 하인도 습관이다. 이러한 관점에서 스티븐 코비 박사가 미국의 진정한 성공한 사람들에 대한 습관 자료를 1983년부터 준비하여 4년여의 준비를 거쳐 발표한 저서가 '성공하는 사람들의 7가지 습관'이다.

그는 Reactive Life(반응적인 삶)라는 용어 개념에 상대적으로 Proactive(선행적인 혹은 주도적인)라는 단어를 처음 사용하였는데 이것이 7가지 습관 첫 번째인 주도적이 되라(Be Proactive) 이다. 이러한 미국 내 사회적 센세이션에 힘입어 오클라호마 대학의 명예교수인 Dr. E.C. Fitch는 'Proactive Maintenance for Mechenical System(설비의 선행정비)'이라는 저서를 1992년 처음 발간함으로써 설비관리의 방법론으로서의 Proactive Maintenance(선행정비)방법론이 산업계에서 일반화되었다.

스티븐 코비 박사의 유명한 말인 "Diagnose Before You Prescribe(처방전에 진단하라)"는 미국사회의 난맥상과 관련하여 문제를 꿰뚫어 보고 해결책 대안으로서 주장한 것인데 이는 보편적 진리로서 자리매김할 수 있는 말이다.

비행기 조종사는 조종석에 앉아 모든 계기를 한눈에 보고 비행기 상태와 기후 등을 진단하여 안전하게 운행을 한다. 세계적 기업들은 회사 현황을 한눈에 볼 수 있는 통합관제센터를 운영한다. 관제센터란 진단과 처방을 동시에 내리는 통제센터이다.

Diagnose Before You Prescribe™
처방(고장)전에 진단하라 !

"성공하는 사람들의 7가지 습관" 스티븐 코비 박사

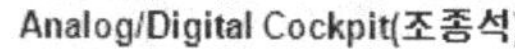
Analog/Digital Cockpit(조종석)

Real-Time Enterprise, FORD

그림 5-2 처방전에 진단하라

미국의 세계적 자동차 회사인 GM조차도 금융위기를 거치며 파산한 바 있지만, 미국 자동차 업체 Big 3 중 하나인 포드 자동차가 파산치 않은 이유 중의 하나는 War Room 개념의 통합관제센터를 운영하면서 민첩하고 유연하게 대처하는 의사결정 구조인 'Decision-driven Structure'가 시스템화되었기에 가능하였다.

사람이 병원에 가는 이유는 무병장수하기를 바라기 때문이다. 고통스런 몸의 상태를 없애 100세를 넘어 가능한 한 오래 살려고 병원에 가는 것이다. 그런 병원의 기능은 진단과 처방의 기능을 가지고 환자들을 돌보고 있는 것이다. 진단 프로세스는 맨 처음 병원에서 간호사가 주는 종이 체크리스트에 각종 몸의 현재 상태, 생활 습관, 병력, 가족력 등을 적어내고 이에 따라 혈액검사, X-레이, CT, MRI 등 수많은 검사를 통해 환자의 정확한 병을 '진단'하고 이에 따라 주치의가 수술, 투약, 휴식 등을 '처방'함으로써 환자에 대한 무병장수 프로세스를 하는 곳이 병원이다.

진단 없이 무조건 약을 주거나 수술을 하는 경우는 없다. 일상적인 감기 환자라도 현재 상태를 간이 진단한 후에 처방하는 것이며, 아무리 급한 응급환자라도 각종 검사를 통해 진단이 이루어진 후 긴급 수술 즉, 처방한다. 관조(觀照)와 방편(方便)이라는 말이 있다. 관조(觀照)란 크게 바라본다는 의미이며 방편(方便)이란 편리한

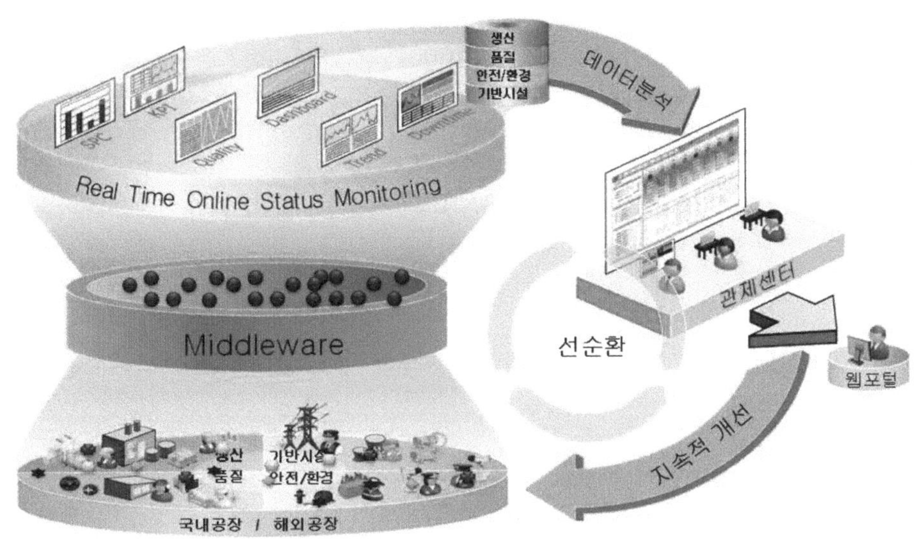

그림 5-3 Smart Factory

방법을 말한다. '인간의 고통이 어디에 있는 지 크게 바라본다.'라는 의미로서 고통을 없애는 편리한 방법을 제시해 주는 의미로 사용되고 있다. 모든 세상만사는 종교든, 의학이든, 사람과 조직이든 간에 진단과 처방으로 해결될 수 있다면 설비관리도 진단과 처방의 방법론으로 쉽게 해결될 수 있다.

5W, 즉 삼간인 Who, When, Where 측면의 현재 상황을 정확히 파악하고(As-Is) 근본 고통인 설비관리 입장에서는 고장(Failure)의 근본 이유(Why)를 바라보고 이에 도달해야 하는 To-Be의 바람직한 앞으로 모습(What)까지의 모든 것을 진단이라고 한다. 이제는 정상을 향해 힘차게 내딛는 등산가처럼 한발 한발 실제 행동에 옮기는 방법(How)에는 주어진 시간(How Long)과 예산(How Much) 내에서 실제로 행하는 처방 즉, 편리한 방법을 행하는 것이다.

5W가 진단과 관조라 보면 3H는 처방과 방편이다. 이러한 측면에서 Smart Factory 개념을 다음과 같이 정리하였다.

1. 설비 중심 제조업의 목표는 일회성 개선이 아닌 지속적 개선이다.

2. 전 세계에 산재해있는 다양한 공장의 현장 설비에서 온라인으로 혹은 현장 엔지니어에 의해 만들어지는 다양한 측정 데이터가 생성된다.

3. 측정된 데이터를 통합 데이터베이스화하고 분석한다.

4. 안전, 품질, 생산, 정비, 환경 등 각 부서 관리자와 현장 엔지니어 및 경영자가 한눈에 설비 상태와 현황을 볼 수 있도록 웹 상태로 통합관제센터화 한다. (이는 이미 10년 전 BP 사례에서 eRTIS 프로젝트로 현실화되어 있다)

5. Smart의 핵심 의미는 소통이다. 경영자, 관리자, 현장엔지니어 사이의 소통, 엔지니어와 설비 상태와의 소통, 설비와 설비와의 소통 등 M2M (Man⇔Man, Man⇔Machine, Machine⇔Machine)이다.

6. 설비 기준으로 도면, 설비고장 이력, 이상 징후 등 모든 데이터를 통합하고 안전, 생산, 품질 등 각 부서의 목적과 관점에 따라 필요한 데이터를 추출하여 성과를 내도록 통합 DB에 개개인의 역할에 따른 권한을 부여하여 접근토록 한다.

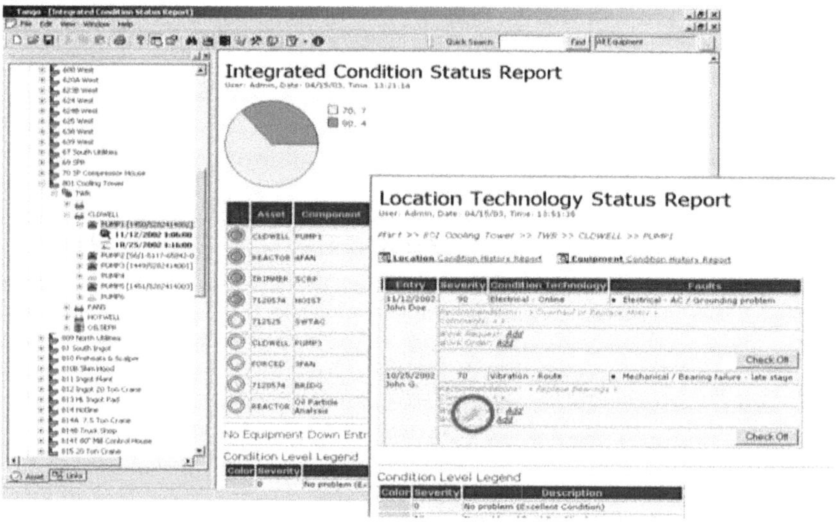

그림 5-4 Smart=소통(M2M: Man⇔Machine)

7. 경영자와 관리자, 현장엔지니어가 보는 화면은 목적과 관점에 따라 다음과 같이 다르게 구성한다.

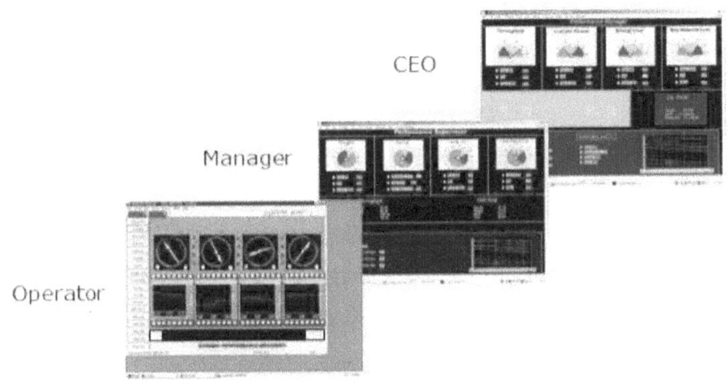

Prioritized Multiple Objective Optimization

그림 5-5 Dashboard for CEO/Manger/Operator

8. 공장의 설비는 대개 에너지소스인 WAGES(Water, Air, Gas, Electrical, Steam) 설비로 구성되어 있다. 이러한 설비로부터 측정되는 데이터를 유무선으로 취합하여 통합DB를 만드는 시스템 구축을 다음과 같이 정리하였다.

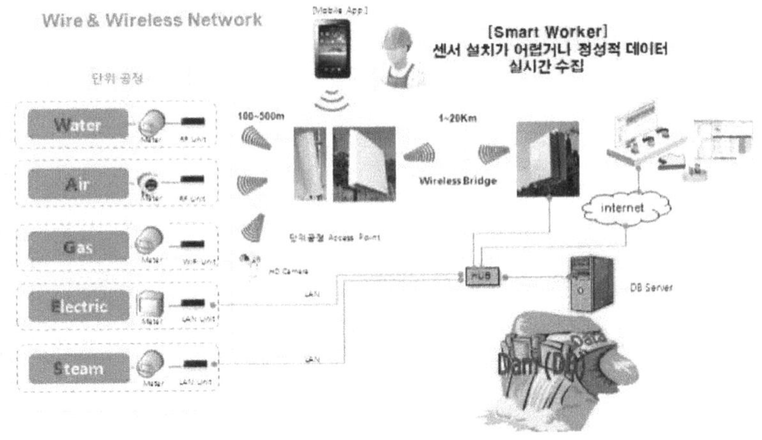

그림 5-6 시스템 구축

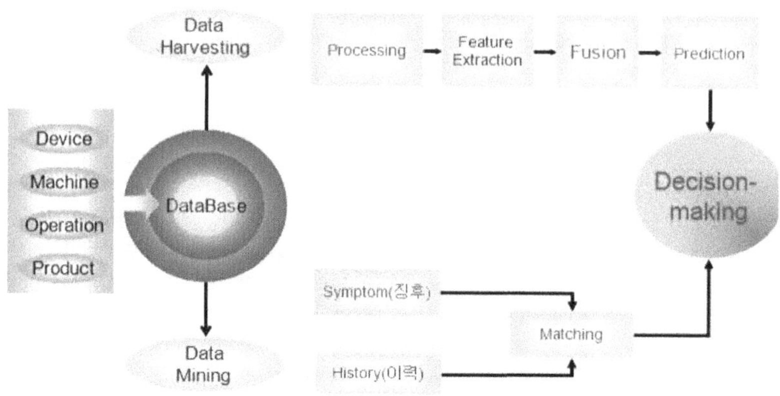

그림 5-7 Decision-making Process

9. 센서가 없는 경우에는 현장 작업자가 PDA 혹은 스마트폰을 이용하여 무선으로 실시간 설비상태를 기록하여 공유토록 한다.

10. 통합DB가 만들어진 것은 전체 의사결정 과정의 40%가 진행된 것이고 이것은 각자의 역할과 책임에 따른 의사결정 과정을 거쳐야 한다. 이것이 60%를 이루는 해석을 통한 지식화의 과성이다. 이를 그림 5-7과 같이 표현하였다.

11. 인생이나 회사 경영은 의사결정의 연속 과정이다. 설비관리도 마찬가지이다. 각 측정 장비, 설비, 운전, 제품에서 모여진 데이터베이스는 이상 징후와 설비 이력을 조합(매칭)시켜 가는 지식화의 과정을 거쳐 성과를 극대화하려는 의사결정을 하게 된다.

12. MIT의 Brynjolfsson 교수는 시스템과 변화관리와 관련한 매트릭스에서 People에 대한 先 변화관리 후에 시스템이 도입될 경우 비약적 성과를 이룰 수 있다고 하였다. 그는 "시스템만 투자되고 도입되면 모든 것이 제대로 돌아가 성과가 창출될 것이다."라는 환상을 버리도록 권고하고 있다. 즉, 시스템만 도입될 경우는 심각한 비효율성 때문에 성과가 -7%로 하향되고 있음을 알 수 있다.

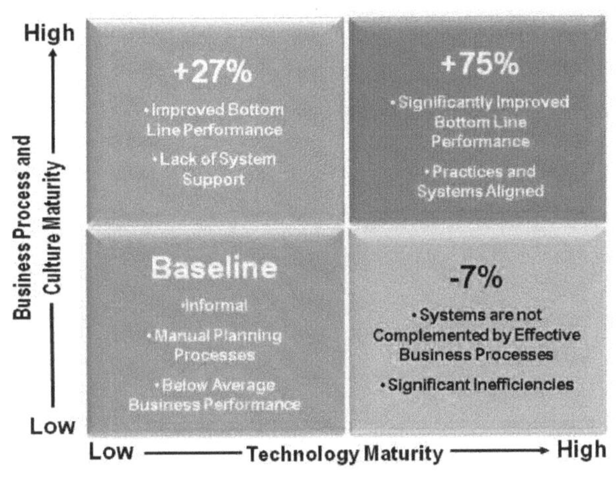

그림 5-8 先변화관리 + 後시스템 = 비약적 성과

5.1.4 설비관리의 규제화-ISO 55000

1) 등장 배경

1988년 영국 북해 오일 생산기지 Piper Alpha에서 발생한 참사(167명 사망/34억 불 피해), 2003년 작은 퓨즈 손상으로 런던 지하철의 아침 출근길 전체적 운행 중지, 송배전 설비의 이상으로 미국 동부지역에서의 겨울철 장기간 단전 사태로 인한 주민들의 생활 불편, 2010년 미국 멕시코 만에서 석유시추선의 폭발과 침몰로 인해 해저 손상 파이프에서 원유유출로 글로벌 석유 메이저인 BP는 회사 이미지 손상, 최악의 환경오염과 막대한 재정적 손실을 예상하는 등 설비 자산관리가 단순한 고장과 비용 문제를 넘어 사회적, 환경적, 재정적인 심각한 영향을 가져와 설비자산의 체계적 관리가 전 세계적으로 급격히 확산되고 있다.

영국에 근거를 둔 IAM(Institute of Asset Management/www.theiam.org)이 주도하여 전략적/전술적이면서 기술적으로 접근한 설비자산관리는 사회의 중추

적인 기간 설비자산의 최적관리를 포함하는 공식 활용규격 55(PAS 55: Publicly Available Specification 55)로 되었으며, 1995년부터 준비한 표준 작업이 2004년 영국표준협회(BSI)에서 최초 표준으로 공식화 되고 2008년 11월 전 세계 50여 기관이 참여하여 개정되었다.

PAS 55는 설비자산관리에 대하여 현재 존재하는 참고 표준이 없다는 인식에서 시작되었으며, 설비자산 활용 및 집중도가 높은 광범위한 산업의 경험으로부터 나와 설비자산을 관리하는 조직을 위한 실제적 안내를 제공하려는 의도로 준비되어 왔다.

영국의 가스 및 전기 분야 정부 규제기관인 OFGEM은 2008년 4월까지 모든 영국 내 가스 및 전기 회사는 PAS 55 인증을 받도록 규제를 강화하고 있으며 영연방 전체와 유럽을 시작으로 전 세계가 앞으로 이를 규제화 하려고 준비하고 있다.

2) 정의

PAS 55는 설비자산관리를 다음과 같이 정의하고 있다

"조직이 전략적 계획을 달성키 위해 평생 관리주기 입장에서 설비자산과 시스템, 이와 연관된 성과, 위험도, 비용을 최적 및 지속적으로 관리하는 체계적이고도 통합 조정된 실행 체계(the systematic and coordinated practice through which an organization optimally and sustainably manages its asset and asset systems, their associated performance, risks and expenditures over their Lifecycles for the purpose of achieving its organizational strategic plan)"

이를 요약하면 설비자산과 최고 경영자 간에 균형되고 일치하며 투명한 의사결정 체계(balanced, aligned and transparent decision-making framework between CEO and physical assets)이다. Lifecycle 의미는 지속적 개선이라는 목적에 근거하여 설비자산의 탄생부터 폐기까지 즉, 준비 및 설계, 건설, 운전 및 정비, 평가 및 개선, 폐기까지 전체 생애를 포함한다.

3) PAS 55 특징

1. 엔지니어링과 운전 및 정비 등의 구분된 영역을 넘어 비즈니스 프로세스와 실행의 통합적 접근을 시도하고 있다.

2. 영국 전기/가스 산업 분야의 규제 영역이 운송, 제조업, 음료, 제약, 화학, 원자재 산업을 넘어 전 세계로 확산되고 있다.

3. PAS 55는 법적 규제 여부에 관계없이 적극 기업이 수용하는 것이 바람직한 포괄적인 실행 체계로서 지속 성장 측면에서 안전한 운영, 효과적 성과와 원가 절감 모두를 만족시키는 방법을 제시하고 있다.

4. 기업의 이해관계자 즉 소유자, 종업원, 고객 및 관련 사회 구성원 모두의 이해와 요구를 만족시키는 체계이다.

5. PAS 55는 서로 다른 특성을 가진 산업 군들과 다른 사업 환경에 바람직한 맞춤형 설비 자산관리 체계를 제공 한다.

6. 조직 내 다른 주요한 자산인 금융자산, 인적자산, IT자산등과 연결하는 총체적 자산 구성과 각각 연결되고 있다.

7. 세계적으로 수많은 기업들이 참여하여 만든 PAS 55 규격은 그동안 성공적으로 정착하고 검증된 설비관리 체계로서 확립됐다.

8. PAS 55는 소프트웨어 시스템을 위한 체계는 아니지만, 현재의 IT시스템을 효과적으로 만드는 프로세스와 데이터 요구 사항을 확인토록 도와준다.

9. Deming Cycle의 PDCA(Plan-Do-Check-Act)를 근거로 7개의 大항목, 28개의 요구사항 小항목으로 구성되어 있다.

10. PAS 55는 지속적 개선을 위한 실행 도구(TOOL)인 '무엇을 해야 한다(What to do)' 만을 규정하지, '어떻게 해야 한다(How to do)'라는 규정치 않는다.

4) 7大 항목에서의 실행 TOOL

◎ 4.1-4.2 Asset Management Scope and Policies
- ☐ Operational Assessment
- ☐ Strategic Assessment

◎ 4.3 Asset Management Strategy, Objectives and Plans
- ☐ RCM
- ☐ RCA
- ☐ Criticality Analysis
- ☐ TPM

◎ 4.4 Asset Management Enablers and Controls
- ☐ RCM2
- ☐ Criticality Analysis
- ☐ RCA
- ☐ ISO-SAE-other standards

◎ 4.5 Implementation of Asset Management Plan(s)
- ☐ Lifecycle Cost
- ☐ RCM
- ☐ CBM

◎ 4.6 Performance Assessment and Improvement
- ☐ Monitoring
- ☐ RCA
- ☐ KPI

◎ 4.7 Management Review
- ☐ ISO 9001:2008

5) PAS 55 이점

1. 설비자산에 대한 의사 결정 프로세스가 투명해진다.
2. 규제기관의 요구를 쉽게 수용할 수 있다

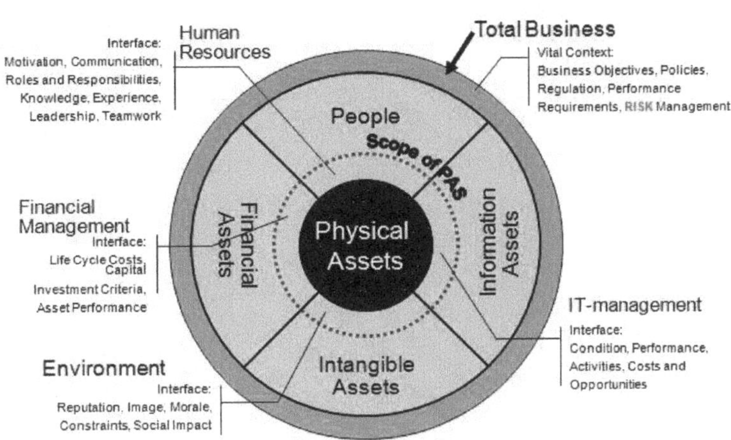

그림 5-9 PAS 55(Transparent Decision-making Framework)

3. 설비자산의 성과와 품질에 대한 보다 좋은 통찰력을 가질 수 있다.

4. 최적으로 설비자산을 관리하는 중요성에의 인식을 새롭게 한다.

5. 설비자산 구성을 현실성 있게 만들 수 있다.

6. 지속적으로 설비자산 프로세스를 개발할 수 있다.

7. 설비자산 관리에 대한 활동과 책임을 명확하게 규정할 수 있다.

8. 업무와 문서화 방법에서의 지속성을 유지할 수 있다.

6) 앞으로 일정

ISO화에 대한 일정은 ISO9001, 14001, 18001을 기본으로 하여 빠르게 국제적으로 논의되고 있어 늦어도 2014년 말까지는 ISO55000으로 국제 표준화되는 것으로 준비되고 있으며 이는 2011년까지 원칙과 실질가치 반영하는 국제금융보고표준(IFRS: Int'l Financial Reporting Standards)의 규제처럼 세계화에 따른 국내 제조업으로 하여금 늦게 준비하여 홍역을 치르는 일이 없도록 지금부터 준비해야 할 사항이다.

전 세계 대부분의 설비자산 보유 기업이 PAS 55에 적극적으로 동참하는 이유는 규제라는 측면보다는 설비 자산관리가 조직에 기여하는 안전성, 성과, 비용 절감 측면에서 크게 기여하고 있음을 확신하고 체계화된 프로세스를 정립하려는데 있으며 앞으로는 CEO를 적극적으로 보좌할 CAO(Chief Asset Officer)가 등장하리라고 본다.

5.1.5 설비관리 측면의 Risk 대비와 소통

2011년 3월 11일 일본 동북부에 지진으로 말미암은 쓰나미가 생겨 1만 2천 명 사망으로 추산한다. 2004년 12월 수마트라에 쓰나미가 발생해 23만 명이 사망하였다. 사망자를 보면 19배에 달하는데도 수마트라 사태보다는 일본 쓰나미 사태에 대한 영향이 훨씬 크다. 2010년 4월 20일 멕시코만 원유 누출로 인한 인류 최악의 환경오염 사고가 있었다.

이 두 개의 대형 참사 이면에는 원자력 발전소의 붕괴로 말미암은 방사능 오염과 석유시추선 폭발로 인한 환경오염이라는 리스크(Risk) 문제와 설비관리 고장과 아주 밀접한 관계를 맺고 있다. 이제 리스크(Risk)는 국지적인 수마트라에서의 대형 인명 피해를 넘어서 세계화, 광속화, 복잡화 양상을 띠고 있다. 수마트라의 인명피해에 대해서는 복구 지원을 통해 인류의 동질적 고통을 동참하는 정도였으나 환경과 방사능 오염은 주변국은 물론 지구 전체에 심각한 영향을 가져오고 있다.

세계적 매출 4위의 BP석유 회사가 석유시추선 사고를 인해 환경보전금 예치 270억 불 등 재정적 타격으로 경쟁 기업인 ExxonMobil에 인수합병 위기 지경까지 갔으며, 일본 원자력 발전 성공신화인 동경전력은 주가가 80%나 추락하는 사상 최대의 위기를 맞고 있다. 위기는 누구에게나 어디든지 일어날 수 있으나 위기 대응의 방법 미숙으로 인한 글로벌 명문 기업들이 하루아침에 망해갈 수 있다는 교훈은 우리 제조업에도 시사 하는 바가 크다.

최고경영자의 리스크 관리 측면에서 설비관리와 관련성을 정리하여 본다.

1) 원자재 리스크

자원 부국들의 원자재 수출 중단, 개발도상국 수요 증대로 인한 원자재 리스크는 경영자의 능력의 범위를 벗어날 때가 종종 있다. 통제 가능한 생존의 방법론의 중요한 하나로 설비관리의 무병장수를 통해 해결할 수밖에 없다.

2) 사회적 책임 리스크

제조업이 세계화 되면서 이에 따른 사회적 책임도 동반하여 가중되는 시점에서 단순한 이익만의 추구는 한순간에 악덕 기업으로 낙인찍혀 파산할 수 있는 경우가 있다. BP의 환경오염 사고, 동경전력의 방사능 오염사고에 따른 사회적 책임은 설비관리의 무병장수를 통한 대비책만이 유일하다.

3) 소통 리스크

경영자와 현장 엔지니어, 납품회사와 모기업, 기계설비와 엔지니어 사이에서 일어나는 소통 부재의 문제는 늘 남아있는 문제이지만 리스크 관리가 중요시 되는 현시점에서 설비에서의 고장과 관련한 원활한 소통은 최악의 사태를 미연에 방지할 최적의 방법론이다.

설비관리의 문제로 인한 고장 발생 시, 최고경영자가 결단을 내리고 지도력을 발휘하여야 할 사항은 다음과 같다.

1. 설비고장 시 리스크 우선순위와 대응 속도를 높일 모든 정보가 한눈에 파악할 수 있어야 한다.
2. 최악의 시나리오에 대비하기 위한 설비관리 측면의 위기 대응 훈련이 있어야 한다.
3. 설비관리와 관련한 조직의 경험과 지식은 한순간에 만들어지는 것이 아니므

로 장기적인 측면에서 인재 양성과 투자를 게을리 하여서는 안 된다. 소방서와 소방관은 불을 끄기 위해 노력하는 존재가 아니라 불이 나지 않게 준비하는 존재라는 것을 명심해야 한다.

소통 리스크를 줄이는 방법은 다음과 같다.

◆◆ 업무적 소통 측면

최고 경영자는 설비관리의 핵심 메시지를 무병장수로 요약하고 반복적 강조를 통해 공감을 유도해 내어야 한다. GE의 최고경영자였던 잭 웰치는 핵심가치를 700번이나 직원들에게 설파한 사례가 있다. 또한, 긍정적 피드백을 유도해야지만 부정적 피드백을 할 경우에도 설비의 고장 사실 자체에, 고장 원인 자체에 초점을 두어 설비의 진정한 상태를 같이 볼 수 있는 소통 시스템을 구축해야 한다.

◆◆ 창의적 소통 측면

부서 이기주의를 타파하도록 하고 공통 목표인 무병장수를 통한 품질, 생산성, 안전을 동시에 성과를 내도록 해야 하며 이를 달성하기 위한 다양한 의견 경청과 조율을 유도하여야 한다.

◆◆ 정서적 소통 측면

설비가 고장 없이 오래 쓰게 하는 설비관리자에게 칭찬과 격려를 통한 감성이 전염되도록 하여 그동안 고장이 없으면 당연하고 고장 나면 비난의 대상으로 설움 받던 인식을 탈피토록 하고 8시간 환자 수술에 매달려 병을 고치고자 하는 경우 의사의 존재처럼 현장 설비관리자의 고충을 이해하여야 한다.

설비관리의 무병장수는 결국, Man to Man(경영자와 현장 관리자/엔지니어의 원활한 의사소통) Man to Machine(현장 관리자에 의한 원활한 설비상태 파악) Machine to Machine(복잡한 설비 사이의 원활한 정보 흐름)이라는 M2M측면의 원활한 소통이 전제되면 문제가 발생 시 즉각적인 위기 대응에 의한 리스크를 최소화할 수 있다.

5.1.6 상호운용성(Interoperability)

제조업의 핵심인 설비와 관련된 기술 데이터는 관련된 부서와 기능, 목표에 따라 모호함이 항상 존재하여 사람과 사람, 사람과 설비, 설비와 설비 사이의 의사소통에 많은 문제를 안고 있다. 모호함(Ambiguity)이 크다는 것은 설비의 평생 위험과 비용의 증가를 의미한다. 상호운용성(Interoperability)이란 모호한 것을 근본적으로 줄이는 것이다.

모호함은 대개 다음과 같은 단계를 거친다.

- 1단계: 어떤 엔지니어가 다른 엔지니어에게 자기 데이터를 주고 더 이상은 자기 문제가 아니라는 입장을 견지하는 소통 단절의 상태
- 2단계: 엔지니어끼리 적어도 같은 의미가 있는 용어를 가지고 소통하는 경우
- 3단계: 엔지니어 상호간 특정한 데이터를 사용하는 일정한 양식과 틀이 있는 경우
- 4단계: 의미론적인 시만택 웹 기술 등을 사용하여 평생 모든 기술적 용어를 자동으로 이해하고 적용하는 완벽한 소통 상태

제조업에서 정보를 통합하거나 교환할 때 모호한 정보는 많은 리스크와 비용을 수반한다. 모호함이 크면 클수록 리스크와 비용도 기하급수적으로 커지게 된다. 새로운 비즈니스 혹은 공장을 인수 혹은 건설하면 통합화에 따른 리스크와 비용은 제조업의 재무 상태를 악화시킬 수 있는 중요한 요건이 된다. 운전과 정비의 개방형 표준(OpenO&M)은 ISO15926에서 표시하듯이 상기 2~4단계에 적용될 수 있는 사항이다. 최소한의 모호함인 4단계는 최대한의 이행으로서 설비관리에의 리스크와 비용을 최소화할 수 있으며 2단계는 최소한의 이행을 요구하는 단계이다.

- Because we focus on *doing business* much information may be implicit or ambiguous when we *exchange or integrate information*
- Ambiguity when exchanging and integrating information represents *risk, requiring effort to resolve.*
- The higher the ambiguity, *the higher the risk & cost.*
- When new business uses or interfaces arise, new ambiguities may be significant, and the *costs & risks may be repeated.*
- **Ambiguity = Lifecycle Cost & Risk**

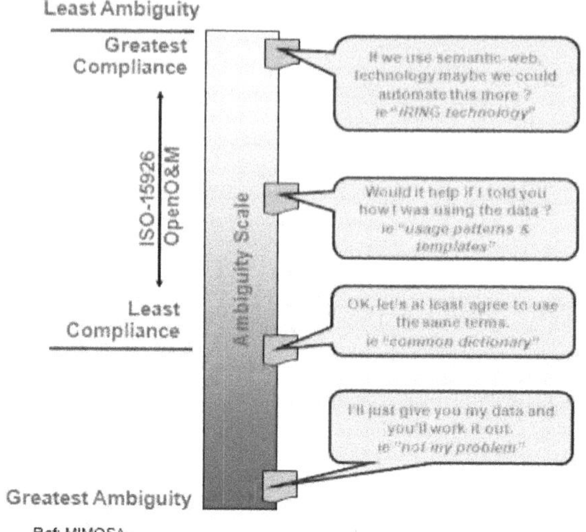

그림 5-10 Interoperability as Reducing Ambigulty(모호)

이러한 기술 데이터의 모호함을 극복하는 상호운용성은 설비의 설계부터 구매, 건설, 운전, 정비, 폐기까지의 평생 공통적인 용어와 의미를 사용함으로써 소통에의 장벽을 없애주는 최우선 과제이나.

Smart의 개념이 소통이라면 상호운용성은 Smart Factory로 가는 필요충분조건이다. 경영자와 엔지니어 간의 소통에 문제가 있다면 설비관리로 가치를 창출할 수가 없다. 환자가 의사와 대화 시 의사의 난해한 의학지식을 다 이해할 필요 없이 어느 부위가 얼마만큼 아프고 그 영향은 생활에 어떤 영향을 끼친다는 소통방식이 일정할 때 환자의 병은 쉽게 고쳐지고 무병장수의 건강한 인생을 만들 수 있다.

과거에 정보산업이 발달하기 전까지는 통합의 결핍에서 온 생산의 비효율성이 기술적 난해함으로 인하여 지나쳤거나 축소되었다. 전사적 즉 재무 측면과 생산 측면의 최적화는 생산과 정비의 프로세스, 시스템, 사람 모두에 대한 적합한 통합이 요구되고 있다.

새로운 공장 건설에 따른 설계는 갑작스러운 새로운 기술이 적용되어 형성되는 것이 아니다. 오랫동안 시행착오를 거쳐 축적된 운전과 정비(O&M)에서의 기술과 경험은 데이터베이스화 되어 이를 피드백 함으로써 설계와 구매, 건설(EPC: Engineering Procurement & Construction)에 반영되는데 이러한 진화된 엔지니어링 수준은 앞으로 새로운 비즈니스 모델로 자리 잡아 단순 생산으로부터 나오는 가치를 뛰어넘어 고부가가치의 엔지니어링 서비스로 발전하는 제조서비스의 새 경향이다. 핀란드의 제지업계에서 오랫동안 지식과 경험을 축적한 업체가 해외에서의 제지공장 건설에 대한 전반적인 책임을 지고 총 건설 금액의 10%를 엔지니어링 서비스 비용으로 확보하는 사례에서 우리 제조업의 앞으로 미래를 볼 수 있다.

그림 5-11은 상호운용성을 위한 안전한 기술 로드맵으로 MIMOSA를 통해 발표된 것이다. 제조설비뿐만 아니라 대형 건물, 군사설비 모두에게 해당하는 것이다.

1. 가장 하단에 설비자산이 자리 잡고 있다.

2. 설비 자산을 제어하는 부품은 지멘스, 록크웰, 에머슨, 하니웰, 요코가와, 미쓰비시 등 세계적인 측정 제어 부품에 의해 공통으로 구성되고 있다.

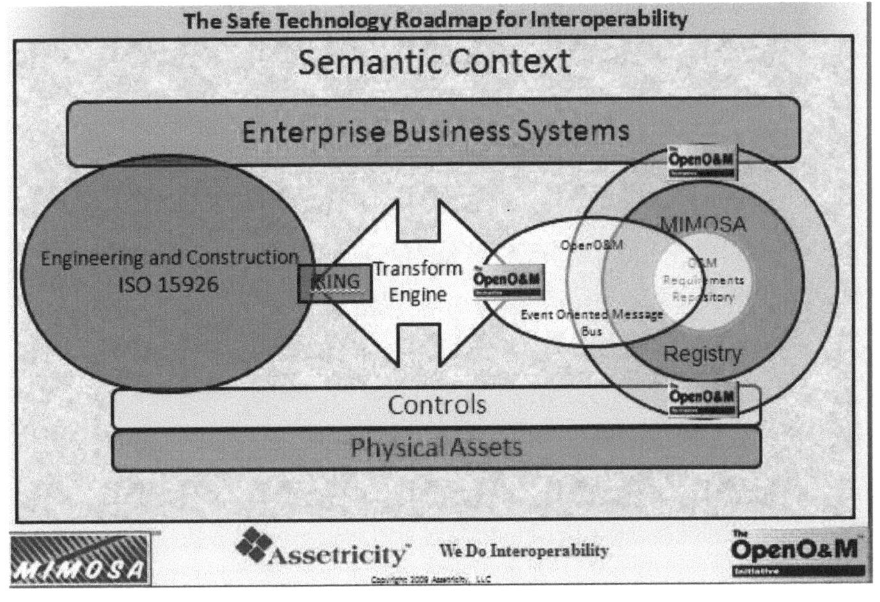

그림 5-11 상호운용성(Interoperability)

3. ERP등 경영층 상단은 평생관리 측면의 설계, 구매, 건설과 운전, 정비와 공통으로 연결되어 있다.

4. 설계 구매 건설과 운전 정비 부분이 전환엔진(Transform Engine)에 의해 상호 연결되어 있다.

5. 평생, 시간 관점의 정보화와 글로벌 관점에서 공간 관점에서의 경영적 정보와 설비 하단의 기술적 정보가 수직 및 수평적 틈새 없이 연결되어 있다.

5.2 사람(People)

5.2.1 버려야할 습관

이번 장에서부터는 People과 관련한 설명을 하기로 한다. 특히 엔지니어가 버려야 할 습관을 정리하였다.

무병장수 설비를 만드는 것은 한 편의 대작인 영화를 만드는 것처럼 종합 예술이다. 자기만 잘해서는 소용이 없다. 엔지니어의 자기만의 고집과 편견 때문에 회사의 전체적인 성과에 역행하는 것은 물론이고 벽창호와 같은 소통 불능의 인간으로 낙인찍혀 외톨이가 되는 경우가 많이 있다. '이 세상에는 완벽한 인간도 또한 완벽한 기술도 존재하지 않는다.'는 마음가짐이 있으면 마음을 열고 회사의 공동목표인 가치 창출에 동참한다는 자세로 버려야 할 습관을 정리하여 보았다.

암세포는 본래 밖에서 침투한 침략자가 아니다. 이는 우리 몸 자체의 세포인데, 어떤 이유로 인해 스스로 증식 여부를 판단하는 상황 판단 능력을 상실한 세포들이다. 암세포같은 엔지니어가 아닌지 자신을 점검해 보는 입장에서 정리하였다.

1. 기한 마감에 신경 쓰지 않는다. 늦는 것은 포기로 가는 첫 관문이다. 모든 고장을 한 번에 근본적으로 없애야겠다는 발상은 무의미하다. 작은 고장이 모여 큰 고장이 되므로 작은 고장에 대하여 임시방편적 대처에서 언제까지 이번 고장 건은 완벽하게 원인을 밝혀 동일 고장이 반복되지 않도록 한다.

2. 완벽하지 않으면 내보낼 수 없다고 고집한다. 주변의 동료나 전문가 도움을 받아 무병장수를 위한 목표를 위해 협업하는 것이 아니라 자기 선에서 완벽을 위해 고집을 피우며 늦장을 부린다.

3. 제안이 거부당하기를 바라는 마음으로 다듬지 않은 아이디어를 일찍 내보낸다. - 더 이상 제안 활동에 관심이 없다.

4. 부정적 측면에서 특히 예산과 인원이 없다고 변명한다.

5. 모든 사람이 자신을 지지하도록 목표를 세우고 과도하게 관계를 맺는다. - 설비 무병장수는 경험과 지식이 있는 인간관계도 중요. 그러나 그 분야 고유 기술에 대한 확실한 이론적 바탕이 있어야 한다.

6. 새로운 기술을 배우는 데 전혀 흥미가 없다. 인간의 병을 고치는 의학이 새로운 기술의 연속이듯 설비관리도 리스크와 비용을 줄이기 위한 새로운 기술이 봇물처럼 터져 나오는 데 오랜 기간 사용한 기술만으로는 한계가 있다.

7. 강압적으로 데이터를 모으는 데 시간을 쏟는다. 데이터는 모여 정보를 만들고 이는 다시 해석을 통해 설비의 무병장수를 위한 의사결정에 활용되는 것일 뿐 데이터 그 자체가 목표는 아니다. 자연스럽게 데이터가 모여지도록 노력해야 한다.

8. 무뚝뚝하다. 소통이 되지 않는 독불장군식의 엔지니어에게는 누구도 열린 마음으로 다가설 수 없다.

9. 즉시 실천하기보다는 위원회를 먼저 찾는다. - 문제를 회피하고 위원회에 상정시켜 책임을 전가하는 양상을 보인다.

10. 스스로 이끌기보다는 이끌어줄 사람을 찾는다. - 주도적 삶을 살아라(Be Proactive)라는 '성공하는 사람의 7가지 습관' 중 첫 번째 습관이다.

11. 동료 업적을 과도하게 비판하고 자신의 일에 대해선 관대하다.

12. 질문하지 않거나 너무 많은 질문을 한다.

13. 자신과 다른 방식으로 일하는 사람을 비판한다.

14. 현 상태에 대한 밑도 끝도 없는 감정적인 집착을 보인다. - 바람직한 앞으로 모습(To-Be)을 무시한다.

15. 새로운 접근 방식의 부작용을 스스로 발명해내고 걱정한다.

16. 일을 제쳐놓고, 다른 사람에게 기를 쓰고 복수하거나 가르치려 든다.

17. 배우는 기술보다 타고난 재능이 중요하다고 믿는다.

18. 자신에게는 재능도 능력도 없다고 단언한다.

19. 능률을 올리는 방법을 찾았음에도 활용하지 않는다.

20. 내일이 오기만을 기다린다.

5.2.2 프로페셔널 엔지니어

세계적 경영 컨설턴트인 오마에 겐이치(大前研一)는 그의 저서 '프로페셔널의 4

가지 조건'에서 현대 직업인을 스페셜리스트와 프로패셔널 두 부류로 나누고 있다. 규칙이 있고 컴퓨터로 통합되는 일 정도를 할 수 있는 부류를 스페셜리스트라 하고(이는 넓고 얕게 아는 사람을 표현하는 제너널리스트와 구별한다) 규칙이 없는 세계에서도 깊은 통찰과 판단으로 조직을 움직일 수 있는 사람을 프로페셔널이라고 한다.

예를 들어 스페셜리스트는 이른바 전문가로서, 회계사라면 모든 규칙에 정통해서 회계상의 모든 문제를 정확히 처리할 수 있어야 한다. 그렇지만 고객이 다국화된 지금 상황에서는 각국 통화와 세금체제가 서로 다른 나라에서 이루어지는 일이 많이 있다.

법이라는 것은 스페셜리스트 집단인 관료와 업계 이익단체 모임인 협회에 의해 만들어지기 때문에 항상 시대에 뒤떨어지는 경향이 있다. 이런 상황을 내다보고 고객을 올바르게 이끌어가는 것이 회계분야의 프로페셔널이다. 즉, 고객에 대한 깊은 통찰과 그곳에 작용하는 힘에 대한 다양한 이해와 지식이 없이는 불가능한 일이다. 미래에 대한 올바른 해답은 누구도 가지고 있지 않지만 올바른 해답이 없더라도 여러 가지 상황을 예측하여 올바르게 대처할 수 있도록 하는 것이 진정한 프로페셔널이다.

프로패셔널은 시간 변화와 공간 관계 원리, 즉 인과법칙을 깨우친 문화인(文化人)이다. 이 경우 文은 모든 존재가 공간적 측면에서 서로 관계로 맺어짐을 깨우치고, 化는 시간적 측면에서 변화의 이치를 아는 내공(內空)이 있는 인간이다. 내공인(內空人)이란 특정한 분야에서 탁월한 기술, 지식, 노하우, 숙련도, 직관과 통찰력을 가진 삶과 일에서 철학 소유자이다. 그런 측면에서 프로페셔널, 문화인, 내공인은 설비관리 분야의 엔지니어가 개인의 바람직한 앞으로 자기 모습(To-Be)로 삼아볼 만한 자화상이다.

요즈음 많이 사용하는 말은 Wellbeing이다. 사람이 사람답게 잘 먹고 사는 것을 웰빙(Wellbeing)이라 하면 죽기 전 2~3일만 아프다가 만나고 싶은 가족과 친지, 친구들 임종 전에 보고 잘 죽는 것을 웰다잉(Welldying)이라 하고 나이를 잘 먹는 것도 중요하다는 웰에이징(Wellaging)도 있다.

사람이 사람답게 사는 것을 웰빙(Well-being) 이라 하고
사람이 사람답게 늙는 것을 웰에이징(Well-aging)이라 하고
사람이 사람답게 품위 있게 죽는 것을 월다잉(Well-dying)이라 한다.
설비도 제대로 설계되어 제조업의 가치 창출에 기여하다가(Well-being)
큰 고장 없이 마모되면서 낡아지다가(Well-aging)
적은 폐기 비용으로 사라지는 것이(Well-dying) 설비의 일생이다.

이러한 설비 투자가 크면 클수록 설비고장으로 말미암은 리스크가 크면 클수록 설비관리 엔지니어가 웰에이징(Well-aging)할 수 있는 신나는 프로젝트가 있어야 한다. 세계적 경영 컨설턴트인 톰 피터스는 이를 와우(WOW)프로젝트라고 명명하였는데 기존의 낡은 삶을 새롭고 창조적인 삶으로 바꾸는 자기 혁신 프로젝트이다. 고립된 개인에서 연대적 네트워크로, 수동적 직장인에서 능동적 브랜드人으로, 주어진 업무에서 창조적인 프로젝트의 전환이 핵심 내용이다. 이제 40~50대에 퇴직해야 하는 '50 청춘, 70 중년, 90 노년'의 시대에 어떻게 하면 현장 엔지니어들이 40~50년을 웰에이징 할 수 있을까?

중요한 WOW 프로젝트에 집중해야 한다. 설비관리와 관련된 일을 즐겨야 한다. 10시간 동안 춤을 출 수는 없어도 20시간 동안 일을 할 수 있다. 사람의 연령에는 자연연령, 건강연령, 정신연령, 영적연령 등 4가지 연령이 있다. 영국의 노인 심리학자 브롬디는 인생의 4분의 1은 성장하면서 보내고, 나머지 4분의 3은 늙어가면서 보낸다고 지적하였다. 웰에이징이 중요한 이유이다. 자연연령은 많은 데 건강연령이 아주 적은 사람이 있다. 나이보다 젊어 보인다는 의미이다. 이런 사람들은 대개 일을 열심히 하는 사람들이다. 일에 대한 열정을 가지면 항상 젊게 살 수 있다. 웰빙, 웰에이징, 웰다잉(Well-being, Well-aging, Well-dying)의 비결은 일에 대한 열정이다.

Ref. Tom Peters

그림 5-12 Wow Proiect

세계 역사상 최대 업적의 35%는 60~70대에 의하여 성취되었다는 통계가 있다. 그리고 23%는 70~80세 사람에 의하여 완성되었다. 그리고 6%는 80대 인물에 의하여 성취되었다. 결국,역사적 업적의 64%가 60세 이상의 인물들에 의하여 성취되었다는 것은 놀라운 일이다.

소포클레스가 〈클로노스의 에디푸스〉를 쓴 것은 80세 때이며, 괴테가 〈파우스트〉를 완성한 것은 80세 넘어서였고, 다니엘 드 포우는 59세에 〈로빈슨 크루소〉를 썼다. 칸트는 57세에 〈순수이성비판〉을 발표하였고, 미켈란젤로는 로마의 성 베드로 대성전의 돔을 70세에 완성했다. 베르디, 하이든, 헨델도 고희의 나이 70세를 넘어서 불후의 명곡 작곡을 시작하였다. 일을 즐기는 사람은 자연 나이가 소용이 없다.

그리고 성장을 즐겨야 한다. 자기와 관련된 기술을 갈고 닦아 내세울 만한 특기를 갖추고 경험을 지니고 있으면 전 세계 설비관리의 특성이 거의 같기 때문에 언제든지 자기가 할 일을 찾을 수 있다. 이런 측면에서 톰 피터스가 제시하는 WOW형 인간을 설비관리 엔지니어에게 적용하는 행동원칙을 정리해 보았다.

◆◆ 내 이름은 브랜드 미(Brand Me)다.

적어도 내가 해왔던 일은 세계적으로 그 누구보다도 잘할 수 있는 유일한 엔지니어임을 자각해야 한다. 브랜드미는 유서 깊고 네트워크로 연결되어 있으며 입소문에 의지하는 독특한 기술인이다.

◆◆ 나의 일은 프로젝트다.

이제는 일이 아니라 프로젝트라는 사고 전환이 엔지니어에게 필요하다. 통달한 내 기술과 경험은 전 세계 어느 설비를 만나도 해결할 수 있다는 자신감에서 준비하여야 한다.

◆◆ 브랜드미(Brand Me)는 '나' 주식회사(Me Inc.)다.

엔지니어의 통달 된 기술과 경험은 금융자본을 능가하는 소중한 자산으로 1인 기업으로 충분히 탄생할 수 있다. 1인 기업의 특징은 풍부한 기술서비스 상품, 의뢰인 우선주의, 판매지향, 회계기초에 대한 이해, 지원서비스를 담당할 아웃소싱 네트워크이다.

◆◆ 하찮은 일을 와우(WOW) 프로젝트로 만들자.

사소한 일을 하다 보면 커다란 기회가 주어진다. 설비관리의 중요성은 점차 커질 수밖에 없으므로 많은 각 분야의 경험 있는 전문가를 절대적으로 필요로 한다.

◆◆ 'WOW'하고 감탄사가 나올 때까지 프로젝트를 계속 점검하자.

의사가 명의가 되기까지 수많은 환자의 생사를 경험하는 시행착오를 겪듯이 설비관리 엔지니어는 설비의사(Machine Doctor)로서 고장과 관련한 수많은 시행착오가 무병장수에의 통달할 경지에 오르면 감탄사가 나온다.

◆◆ 브랜드 미의 죄악 1호는 에너지 분산이다.

하위 80%는 버리고 자기가 자신 있는 일에 명확하게 초점을 맞추고 철두철미하게 집중한다. 팔방미인은 부가가치가 낮은 엔지니어로 전락한다.

◆◆ 브랜드미는 회사가 아니라 직업에 충성한다.

무병장수 관련 글로벌 네트워크와 커뮤니티에 적극적으로 참여하여 자기 존재가치를 알린다. 세무, 재무, 마케팅은 각 나라의 고유한 특성에 따라 각기 다른 체계를 요구하여 이방인이 접근하기에는 근본적인 장애가 있지만, 무병장수의 설비관리 목적은 단 하나로 세계 어디에서나 거의 동일한 요건이 전제된다.

◆◆ 표절은 독약이다.

엔지니어는 자기만의 독특한 분야를 만들어 네트워크와 커뮤니티를 통해 널리 알려야 한다. 예를 들어 석유화학산업에서의 신뢰성 분야 20년 경험, 제철산업의 압연공장 설계 지식 등과 같이 자기만의 특성이 있어야 한다.

◆◆ 낯선 것과 친해지자.

구경제에서는 계획을 엄격히 지키는 것이 법칙이었다. 신경제는 형태 규정과 범위 설정이 어려워 '꿈은 크게', '주장은 확실하게', '밖으로 과감하게' 그리고 '멋지게' 해야 한다.

◆◆ 갱신! 갱신! 갱신!

과거를 파괴해야 새로운 미래가 열린다. 프로세스 혁신은 회사 조직에서만 필요한 것이 아니다. 자기 자신이 우선 혁신하여야 한다. 교육은 권력 획득과 같다는 사고방식으로 끊임없이 새로운 것을 배우고 익혀야 한다. 슬픔과 우울함을 극복하는 길은 뭔가를 항상 배우는 것이다. 최고 수준의 갱신은 계획적이고 열정적인 호기심에서 시작한다.

◆◆ 숨은 인재를 찾아라.

항상 인재 발굴의 태세를 갖추고 함께 어울리고 같이 머리를 짜내고 무언가를 배울 수 있는 나이에 상관없이 멋진 사람을 찾아라. 상시적인 인재 발굴은 낙관주의와 유비무환의 자세가 반영된 것이다.

◆◆ 브랜드미에게는 전 세계가 무대다.

'기막히게 멋진 일을 한다면' 전 세계가 자기의 무대가 될 수 있다. 자기가 하는 '일'이 정말 마음에 든다면 웹 사이트로 전 세계에 알려라. 세계적이라는 말의 95% 이상은 마음가짐이다. 이는 도전해보기 전까지는 누구도 모르기 때문이다.

◆◆ 직업 안정성에 대한 환상을 버려라.

회사가 90대에 죽기 전까지 개인의 인생을 책임져 주지는 않는다. 회사에 대한 충성보다는 직업에 대한 충성심으로 우선 소속 회사의 가치 창출에 기여하며 자기 것으로 만들어야 한다. 브랜드미의 본질은 어떤 희생을 치르더라도 자기 성장을 위하여 헌신하는 것이다.

◆◆ 고객에게 감명을 주는 서비스를 만드는 엔지니어가 최고의 엔지니어이다.

최고의 엔지니어가 되려면 처음에는 엔지니어링(Engineering: 기술)으로 충분하지만 다음은 엔터프라이즈(Enterprise: 사업) 감각도 필요하며 최고 수준은 엔터테인먼트(Entertainment: 재미)라고 할 수 있다. 멋진 삶을 이끌어 내는 와우 프로젝트는 엔지니어로 하여금 재미있는 것으로서의 자기 전문 분야 일 자체를 재정의 하는 것에서 시작해야 한다.

창조적 와우 프로젝트의 조건은 영어 단어의 '핵심' 의미인 CORE로 요약되는데 각각의 의미는 다음과 같다.

1. Curiosity(호기심)-지적 호기심이 충만해야 새로운 것에 대한 적응과 준비가 가능하다.
2. Openness(개방성)-폐쇄적 행동양식으로서는 여러 전문가들과의 네트워크가 불가능하다.
3. Risk-taking(리스크 감수)-어느 정도의 시간과 금전적 투자 없이는, 즉 시행착오 없이 완벽한 것을 한꺼번에 이룰 수는 없다.
4. Energy(열정)-도덕적인 중요가치에 대해 자기만의 소명의식을 갖고 인내심을 발휘하는 과정의 산출물이다. 感性은 에너지이고 理性은 에너지를 사용하는 기술이다.

5.2.3 엔지니어 입장의 보고서

선진국에서 열리는 각종 O&M 콘퍼런스에서 특히 눈에 띄는 것은 엔지니어를 위한 '보고서 작성' 워크숍이 많이 열린다. 보통 엔지니어는 자기 기술에 대한 확고한 신념으로 상부 관리층 혹은 경영층에서 '언젠가 우리의 중요성을 알아주겠지.' 하는 심정으로 열심히 일하는 것을 최상으로 생각하는 것이 일반적이지만, 기술과 관련한 투자 프로젝트를 '이사회 언어' 즉 화폐 언어로 요약된 보고서 작성 워크숍이 성황리에 열리는 것을 보고 내심 놀란 적이 있다.

이사회 언어란 회사에서 인력, 자금, 생산, 기술, 마케팅 등 모든 자원 투입에 따라나오는 재무제표상의 매출과 손익에 대한 수치를 말한다. 각종 투입 자원에 따른 산출물이 돈이라는 예상 수치 혹은 결과 수치로 표시되는 것이다.

설비에 관련한 비용은 통제 가능한 세 번째의 큰 비용이라는 전제와 설비 고장이 품질, 생산, 투자효율, 마케팅, 환경 등에 직접적인 영향을 미치는 것을 이사회 멤버들에게 설명하려면 기술을 이해치 못하는 사람에게 필요성과 수행방법, 기대효과 등을 요약 보고하는 것이 엔지니어에게는 필수적 사항이 되었다.

특히 설비사고 때문에 리스크가 증대되는 현재 글로벌 시대에서는 판단력과 결단력이 필요한 최고경영자에게 각종 설비관련 기술 자료와 파급 효과를 쉽게 설명하는 보고서의 필요성이 점차 중요시되고 있다.

이렇게 최고경영자와 이사회에 보고할 설비관리와 관련한 안건을 만드는 것은 기획에 속하고 기획은 방향성을 지닌 창조 작업이라고 할 수 있다. 여기에서 방향성은 무병장수이다.

설비관리와 관련한 기획에는 다음과 같은 능력을 갖추어야 한다.

◆◆ 정보 수집력

국내외적으로 리스크와 비용을 줄이는 방법론과 벤치마킹 대상이 어디인지를 항상 염두에 두고 정보를 수집해야 한다. 이는 각종 콘퍼런스 참석과 전문가와의 교류를 통해 준비된 네트워크를 활용하여야 한다.

◆◆ 분석력

설비 고장이 왜 자주 일어나는지, 근본적 고장 방지를 위해서는 어떠한 기술과 전문가가 필요한지를 알아야 한다.

◆◆ 예측력

단 한 번의 고장이 회사의 존폐와 환경에 지대한 영향을 일으킬 수 있다는 설비중심 제조업의 리스크에 따른 파급 효과가 큰 시대 상황을 꿰뚫어 보고 리스크 관리 차원에서 미래에의 발생 가능성을 예측하여야 한다.

◆◆ 창조력

설비고장을 줄일 수 있는 대안을 타 기술과 혹은 인문학과의 교류 등 통섭적 입장에서 창조적으로 접근한다.

◆◆ 표현력

난해한 기술적 표현을 비전문가인 일반인들이 알기 쉽게 매력적으로 표현해야 한다.

설득력

기획한 내용을 관계자들이 이해하고 승인할 수 있도록 해야 한다.

판단력

기획안에 대한 좋고 나쁨을 판단하여 신속하게 의사결정 하여야 한다.

실행력

기획된 내용을 매끄럽게 확실히 실시할 수 있어야 한다.

기획의 기본과정은 다음과 같다.

1단계 발상

- 무병장수와 관련한 기획 테마를 파악한다.
- 각종 정보를 수집하고 분석한다.
- 현상을 파악하고 과제를 선택한다.

2단계 분석

- 기본 컨셉을 정한다.
- 개선 아이디어를 모은다.

3단계 구상

- 아이디어를 정리한다.
- 계획을 세운다.
- 기획서를 작성한다.

4단계 실행

- 설명회를 갖는다.
- 실행에 옮긴다.

실행시의 체크리스트(5W3H)

- As-Is 파악(Who, When, Where)
- Root Cause Analysis(Why)
- To-Be 확보(What-미래의 Who, When, Where)
- 방법론 확보(How)
- 예산 배정(How Much)
- 실행 기간(How Long)

5.2.4 60대 40 법칙

인간이 살아가면서 80대 20 법칙(정확히는 78 대 22법칙) 황금률이 있으며 최근에 60대 40법칙이 많이 활용되고 있다.

일본 노바트사의 대표인 노비야 모고시는 행복하고 성공하는 인간관계를 만드는 People Skill 법칙은 60:40이라고 주장하면서 타인에게 먼저 60%를 베풀고 40%만 받는 인간관계가 가장 바람직하다고 주장하였다. 이는 보통 주고받기(Give & Take) 측면에서 항상 타인에게 주는 만큼 혹은 더 많이 받아야 손해 보지 않고 살 수 있다는 일반적 사회 통념에서 많이 베풀고 적게 받는 것을 기대하는 것이 바람직한 인간관계를 나타낸다고 할 수 있다.

이것 외에도 60대 40의 황금률을 나타내는 여러 가지 사례가 있다.

1. 1853년에 창업한 독일의 160년이 넘는 주방 메이커인 Fissler의 마커스캡커 최고경영자는 혁신 기법을 추진함에 있어 전통과 혁신이 40:60으로 배

합되어야 하며 '전통 없는 혁신'이나 '혁신 없는 전통'은 실패한다고 강조하고 있다.

2. 고급공무원 선발 및 국가 자격시험에서 과목별 40점 과락을 적용하고 있는 것은 다양한 분야에서 고른 학식과 교양을 갖춘 자격을 검증하기위한 시험으로 대법원에서도 합헌으로 나와 사회적인 불문율로 정착되고 있다.

3. 선진 복지국가에서도 소득세율이 40%이상 되면 조세에 대한 심적 저항이 일어나 타국으로 이민을 가는 현상이 유럽의 복지 선진국에서 많이 나타나고 있다.

4. 일본에서 현존하는 최고경영자의 한 사람인 이나모리 가즈오(稲盛和夫)는 오랜 사업 경험에서 나온 불문율로 최고의 성과를 발휘하는 인재를 채용하는 과락 제도를 채택하고 있다. 즉, 인재의 가치관(철학), 태도(품성)와 능력(성과)을 평가하여 한 부분이라도 100점 만점에 40점을 넘지 못하면 다른 부분들이 아무리 우수해도 채용치 않는다.

5. 일본 기업경영의 신이라 추앙받는 마쓰시다 고노이스께(松下幸之助)는 "인간은 잘해야 겨우 60% 정도 올바른 판단을 할 수 있으며 이 판단 후에 필요한 것은 용기와 실행력이다."라고 강조하고 있다.

6. 설비 고장과 관련한 오랜 현장 엔지니어의 결론은 기술 데이터는 대개 정성(40%)데이터와 정량(60%)데이터로 구성되어 있다고 규정한다.

5.2.5 창조성과 가치

창조성의 영역은 인간이 살아가는 모든 분야에서 만들어지며 설비관리라는 관점에서 보면 다음과 같다.

1. 설비의 무병장수라는 목적을 쉽게, 편하게, 싸게 달성할 수 있는 하드웨어나 소프트웨어의 발명 혹은 발견

2. 스마트의 화두인 '소통'을 전제로 하여 얽힌 이해관계자 인간관계의 해결

3. 새로운 방법으로 낭비를 줄이는 개선과 개개인의 잠재력을 발굴하는 개발

4. 경영자, 고객, 타부서와의 어려운 협상의 실마리 찾기

5. 전문가로서 자기 존재 쉽게 알리기 등이 있다.

'교수를 가르치는 교수'로 유명한 교수법의 권위자 미시간 공대의 조벽 교수가 정리한 창조성의 조건을 설비관리 관점에서 보면 다음과 같다.

- 설비와 관련한 기본 지식
- 알쏭달쏭한 사고를 소화해 낼 수 있는 퍼지 사고력
- 문제 해결보다는 문제 제기를 통한 호기심
- 안락함을 거부하고 즐겨 일에 도전하는 모험심
- 포기치 않는 긍정성 등이다

이러한 창조성은 늘 해오던 방식을 고집할 필요가 없다는 개인적 깨우침이 전제되어 간절히 원하고 치밀하게 고민하여야 얻을 수 있으며 기업생존의 긴장감 조성이나 마감일이 정해지는 등의 난관으로부터의 압박이 있어야 한다. 지푸라기 하나가 짐을 가득 적재한 낙타 등을 구부려 주저앉게 하고 100도의 액체 물이 100도의 기체 수증기로 바뀌는 임계점(Critical Mass) 개념의 양적 축적이 전제된 후 나타나는 질적 변화가 창조성으로 나타난다.

설비의 무병장수를 통한 가치 창출은 80% 정도까지는 어느 정도 고장을 줄일 수 있지만 이를 99.9999%까지의 고장 제로화(Near Zero)에의 과정까지 가야 할 우주선, 원자력발전 등 설비가 있는가 하면 무조건 고장만을 줄이는 우매함에서 벗어나 고장과 비용과의 최적 균형점을 찾아 가치를 창출해야 하는 일반 설비도 있

다. 모든 설비에서의 가치 창출은 정합성 데이터를 모으고 정보를 해석하며 지식을 적용하고 의사결정의 과정을 통해 행동으로 전환되면서 가치를 창출하는 과정은 같다. 이런 전체 과정에서 사람과 사람, 사람과 설비, 설비와 설비 사이에 일어나는 '소통'이 성과 창출의 핵심이다.

그런 측면에서 노벨물리학상 수상자인 리처드 파인만 교수의 '핵심 잡기 방법론'은 의미심장하다. "현상은 복잡하다. 법칙은 단순하다. 버릴게 무언지 알아내라. 핵심을 잡으려면 잘 버려야 한다. 핵심에 집중했다는 것은 잘 버린다는 것이다." 설비의 고장 원인은 복잡성의 세계이다. 만법귀일 법칙은 인과이다. 고장 원인을 미리 잡아 고장 결과로 나타나는 제조업의 가치 파괴를 잡는 것이 핵심이다.

5.3 플랫폼(Platform)

플랫폼은 한 마디로 기술(Technology)로 표현할 수 있으며 데이터부터 의사결정까지 모든 단계가 동적으로 살아 움직이는 장소이다.

플랫폼은 사람이 각자의 인맥, 지혜, 노하우 및 고객을 끌어들여 일하고 즐기는 마당(판)을 의미하는데 이것의 사례는 다음과 같다.

1. 제조 및 생산 활동 기반-자동차를 생산하는 생산 플랫폼이나 방문 서비스 네트워크
2. IT 인프라-윈도우, 리눅스와 같은 운영체제(OS), 스마트폰의 앱스토어(Apps), 쇼핑몰

1. Risk ↓
2. Cost↓
3. Performance↓

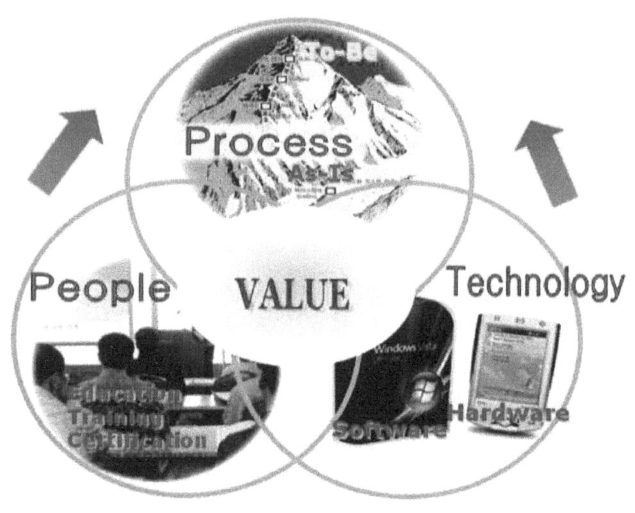

그림 5-13 Value 극대화

3. 물리적 구조물-철도 승하차장, 원유 생산 플랫폼, 우주선 발사대

4. 정치 사회적 합의-정당의 강령이나 정견, 국가 이념, 조직의 사명

이를 크게 나누면 물리적인 것으로 일상의 업무를 지원하는 기술(Technology - Hardware, Software)과 정신적인 것으로 문화(Culture)가 있으며 플랫폼의 가장 바람직한 모습은 기술과 문화가 융합되어 일상의 업무를 기술을 바탕으로 추진하면서 이를 재미있게 즐기는 문화와 기술의(CulTech: Culture + Technology) 융합 상태이며 이는 사람으로 하여금 자기 분야에서 창조성을 발휘하는 문화인으로 나타날 수 있다. 플랫폼의 특징은 의사소통의 표준과 규범으로 개방성과 공동체적 성격을 가지며 작고 미세한 차이를 수용하는 유연성이 있어야 한다. 필자는 엔지니어라는 사람이 제조업 설비라는 업무를 진행하는 산업 현장에서 바람직한 가치를 창출하면서도 이를 취미 활동하듯이 즐기는 직업인인 모습에서 창조적인 조직 문화를 기대하고 있다.

5.3.1 Data to Improvement 단계

정합성 데이터의 중요성은 그동안 누누이 강조하였다. 데이터로부터 의사결정을 거쳐 성과를 창출하는 과정을 설명한다.

골프 황제 타이거우즈가 세계적인 IT컨설팅 회사의 광고로 나온 한 장의 사진은 데이터와 정보(40%) 그리고 축적된 경험과 지식을 통한 해석(60%)을 거쳐 의사결정을 한다는 것을 확연히 보여주고 있다. 이에 필자는 설비관리 엔지니어로서 타이거 우즈의 승리 확률 높은 프로세스로 행동한다면 우리 제조업도 세계 최고 공장이 될 수 있다. 신뢰성 있는 정보는 신뢰성 있는 데이터가 전제되어야 한다. 마스터스 등 큰 상금이 걸려 있는 골프 경기에서 타이거 우즈와 그의 캐디는 시합 전 기상 상태, 골프 코스 현황 및 심지어 잔디 깎은 상태까지 직접 공을 굴려보며 확인한 데이터를 직접 수첩에 기록해 경기에 임하고 있다.

유능한 설비관리 엔지니어는 자기 설비에 대한 애정으로 현장을 살펴보면서 어디가 아픈지, 문제는 없는지 등의 현장 점검을 직접 하는 사람이다. 신뢰성 있는 점검 데이터가 신뢰성 있는 정보로 되는 것은 자명하고 이는 한 홀마다 최저타수라는 성과를 내는데 이는 40%의 비중을 차지한다.

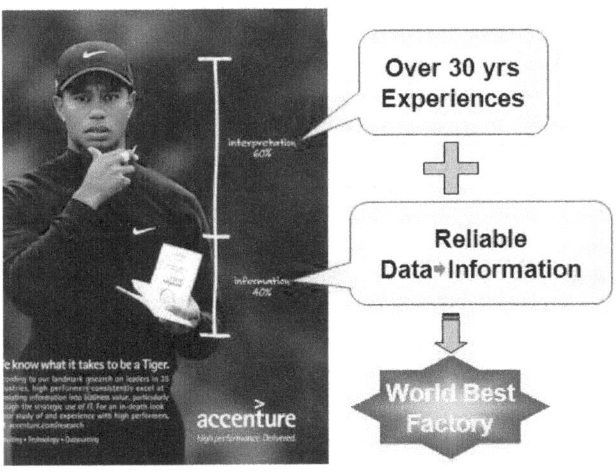

그림 5-14 경험과 정보의 융합

타이거 우즈는 3살부터 골프채를 잡았다고 하니 30년 이상 골프와 관련한 수많은 시행착오적 경험과 지식을 가지고 매 홀 마다 최저타라는 목적을 위한 스윙 등 각종 해석에 대한 비중이 60%라는 광고가 아주 적절하다.

전문의가 되기까지는 의과대학 입학에서부터 예과 2년, 본과 4년 인턴 및 레지던트 5년 등 최소 11년의 기간이 걸리고 그 후에도 많은 실무 경험과 새로운 지식을 쌓는 것처럼 설비 분야에 대한 문제 제기나 해결책 제안은 제쳐놓고라도 설비의사(Machine Doctor)인 설비관리자가 되는 데도 최소한 10년을 경험해야 다른 엔지니어와 의사소통이 가능하다.

정보 및 전산만을 다루는 소프트웨어 엔지니어는 10년 이상을 필요로 하는 현장 경험과 지식이 없어 고객이 진실로 원하는 개선에 대한 구체적 대안을 정보로 가공하는 데 한계가 있고 현장 엔지니어는 소프트웨어에 대한 지식이 부족해 서로간의 성과에 대한 목표와 방법에서 괴리를 가져온 것이 현실이다.

의학을 공부해 임상경험이 있는 의사가 의공학적 입장에서 정밀영상진단 장비를 공학적 측면에서 다시 공부하여 환자 진료에 응용하는 것이 효과적인 것처럼 일정기간의 현장 경험을 가진 설비엔지니어가 관련 정보를 관리하도록 하는 것이 지속적 개선 성과를 창출하는데 바람직한 방향이다.

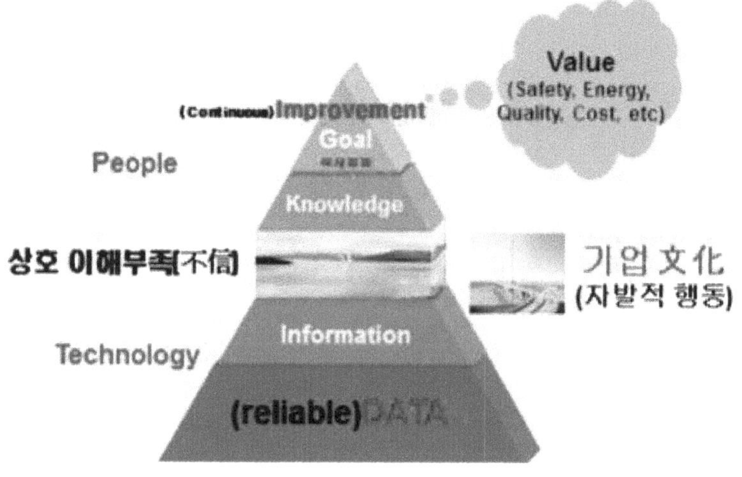

그림 5-15 Data to Improvement

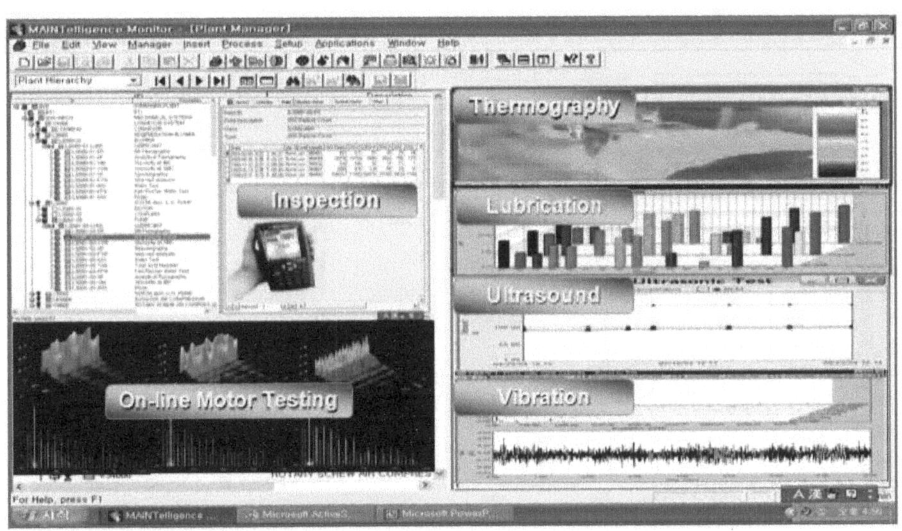

그림 5-16 통합상태 모니터링(원격모니터링+오감+진단장비)

Data ⇨ Information ⇨ Communication ⇨ Knowledge(Experience) ⇨ Interpretation ⇨ Decision-making ⇨ Action ⇨ Improvement(Performance)

라는 사슬로 구성되어 있어 어느 하나라도 문제가 있으면 성과는 창출될 수 없다. 데이터부터 의사결정까지가 1%이고 Action이 99%라는 것은 전술한 바와 같으며 실제 행동과 실천력이 무엇보다 중요하다.

각 단계를 구체적으로 설명하기로 한다. 정합성 데이터가 모여지면 데이터베이스가 되고 데이터베이스로부터 특정한 목적과 관점에 따라 추출된 정보는 통합 상태 모니터링의 그림과 같이 한눈에 보이게 된다. 한눈에 보이는 데이터는 시간 흐름에 따라 경향을 나타내고 다른 변수와 상관 지어져 목적하는바 분석과 예측을 할 수 있다. Diagnosis는 현재를 기준으로 과거 상태데이터를 보는 진단의 의미이며, Prognosis는 현재 상태에서 미래를 보고 앞으로 예측의 의미를 내포하고 있다. 축적된 데이터가 모순을 가진 비정합성 데이터라면 예측 결과도 불확실할 수밖에 없고 이는 잘못된 의사결정으로 이어져 도리어 기업이 요구하는 성과를 훼손하는 결과를 가져오게 된다.

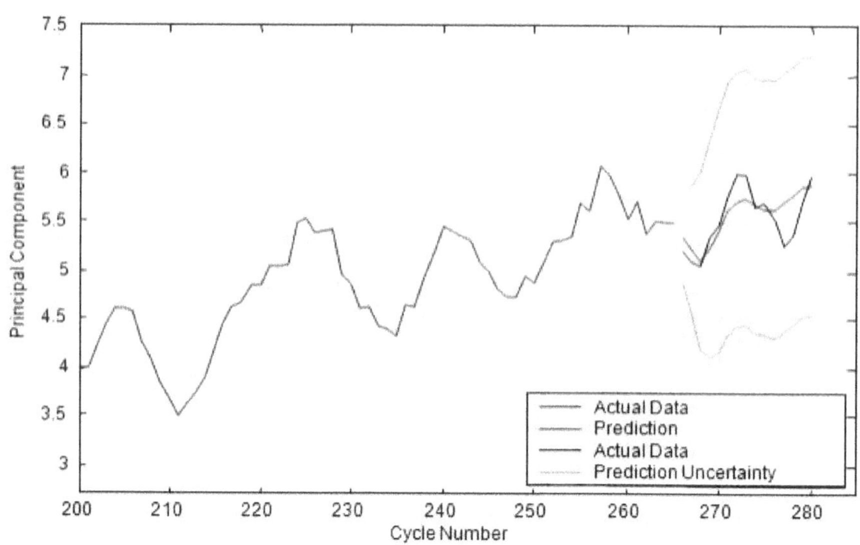

그림 5-17 Diagnosis & Prognosis[진단/예측]

5.3.2 의사결정

병원에서 간호사, X레이 기사, 혈액검사 전문기사가 환자의 상태를 나타내는 데이터를 만드는 목적은 주치의로 하여금 환자에 대한 처방 측면에서 의사결정을 하도록 하는 데 있다. 주치의가 의사결정을 하는 목적은 환자로 하여금 가능한 한 고통을 줄여주고 큰 비용 안 쓰면서 건강한 삶을 오래 살 수 있도록 하는 데 있다. 간호사와 주치의사의 자기 업무 최종 목적이 다르다.

설비관리 측면으로 보면 현장 엔지니어가 설비상태에 대한 정합성 데이터를 모아 데이터베이스를 만드는 목적은 오랜 경험을 가진 설비 주치의(Machine Doctor)로 하여금 설비 상태를 파악하여 무병장수한 설비를 만들고 고장 시에는 즉각적으로 고치는 대안을 제시하는 무병장수 설비를 만들어 리스크를 줄이고 생산성과 품질을 향상시키며 비용을 최소화시켜 제조업 설비 자체로 하여금 수익을 창출(Profit Center)하는데 있다.

그림 5-18 합목적성(合目的性)

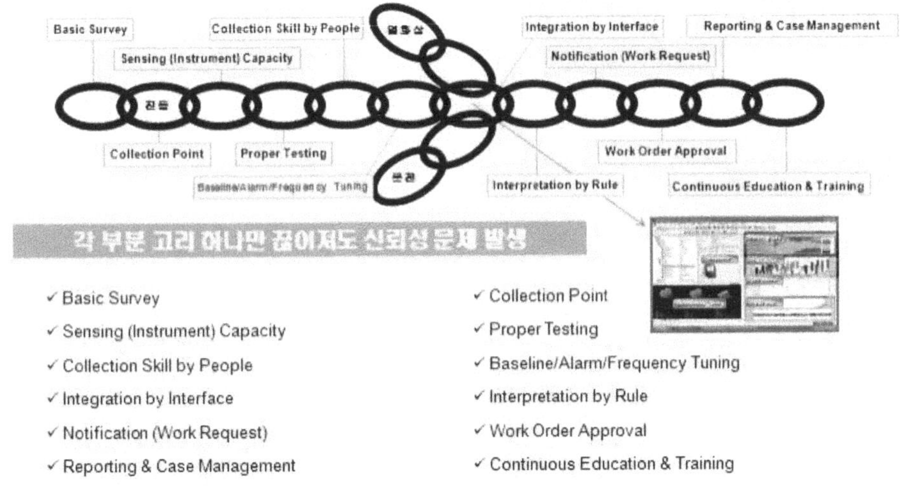

그림 5-19 Data to Decision-making

그림 5-19에서 볼 수 있듯이 각 부분의 고리는 하나만 끊어져도 신뢰성의 문제가 발생해 정합성의 과정이 어긋나 잘못된 의사결정으로 회사의 가치창출에 많은 영향을 끼칠 수 있다.

1) Basic Survey

설비를 종류별로 기초 조사를 하여 자주 고장을 일으키는 부분의 이상 상태를 측정해 낼 수 있는 기초 조사를 한다.

2) Collection Point

설비의 상태 데이터를 수집할 수 있는 포인트를 정확히 지정하여야 한다. 예를 들어 진동을 측정해야 하는 포인트가 같은 위치에서도 여기저기로 옮겨져 측정되는 것은 데이터 신뢰성에 문제를 발생시킨다. 신입 엔지니어로서 축적된 경험이 없을지라도 정해진 절차에 따라 신뢰성 데이터를 가져올 수 있도록 조치하여야 한다.

3) Sensing(Instrument) Capacity

점검자 혹은 정밀진단 장비의 감지 능력을 고려해야 한다. 점검자가 청력이나 시력에 문제가 있다면 신뢰성 데이터를 수집해 올 수 없고, 오래되어 정밀성이 저하된 진단장비로서는 신뢰성이 있는 데이터를 취득할 수 없다.

4) Proper Testing

수많은 진단 기술 중에서 그 상황에 알맞은 진단기술을 선택하고 알맞은 테스트를 한다는 것은 전문가의 도움을 받아 선택하여야 한다. 아무리 정합성데이터를 잘 구축하였다 해도 설비의 이상 상태를 판정하는 데 도움이 되지 않는다면 이것 역시 신뢰할 수 없는 데이터일 뿐이다.

5) Collection Skill by People

설비의 이상 상태를 찾아내는 데 필요한 스킬은 의사가 직접 피를 뽑고, X레이 장비를 직접 다루지 않듯이 각자의 역할과 책임에 의해 정해지는데 데이터를 모으는 사람들의 수집 능력에도 차이가 날 수 있다. 신입 엔지니어가 지정된 진단장비와 상황을 파악하고 익숙해 지기까지는 많은 시간과 노력이 필요하다.

6) Baseline/Alarm/Frequency Tuning

가장 많은 시간이 걸리고 현장의 오랜 경험자의 적극적 참여가 필요한 사항이다. 현장의 고장을 직접 자주 경험해 본 엔지니어는 고장의 원인과 대처방안을 감각적으로 알고 있다. 그렇지만 인센티브가 없는 동기부여 부족으로 수동적인 업무 자세로 하는 것이 일반적인 현상이다.

설비가 안정된 상태의 기본 수치를 정하고(Baseline), 고장이 일어나는 이상 징후를 중심으로 주의(Caution) 심각(Critical)한 상태에 대한 경고 신호(Alarm)에 대한 범위를 결정하고, 설비가 이상 유무 시 데이터 취득 시기를 단축 혹은 연장하는 등의 사항은 12가지 나열한 체크리스트 중에서도 가장 중요하고 현장 엔지니어의 참여가 절대적인 항목이다.

7) Integration by Interface

예전 병원에서 환자의 질병 부위를 촬영한 X레이 필름을 형광등 불빛에 비추어 보고 혈액검사 결과 용지를 뒤적이던 주치의의 과거 업무 프로세스는 환자의 모든 건강 상태가 한눈에 볼 수 있는 PC 화면으로 정보화 통합되어 의사결정에 집중할 수 있는 프로세스로 개선되었다. 마찬가지로 엔지니어가 설비 상태에 대한 판단을 위해 모든 이상 상태가 한눈에 볼 수 있는 통합화 작업은 의사결정을 내리는 데 유용한 과정이다. 자동차 열쇠 꾸러미에는 책상 열쇠, 집안 금고 열쇠 등이 한 고리에 연결된 것처럼 운전과 정비 분야의 모든 상태, 열화상, 진동, 점검자 체크리스트, 윤활 상태 등 주요한 진단 기술에 의한 수집 데이터가 시간의 흐름에 따라 일목요연하게 나타내 줄 수 있는 통합 소프트웨어의 기능이 필요한 부분이다.

8) Interpretation by Rule

사람, 시간, 자재, 돈 등의 관리 데이터와 설비의 상태를 나타내는 기술 데이터로 크게 나눠는 데이터 중 관리 데이터는 해석을 하는데 일정한 룰(Rule)이 쉽게 적용될 수 있다. 예를 들어 백화점의 매출 증대를 위한 마케팅을 위하여 일정 기간 구매 고객이름 및 구매한 금액, 구매한 특정 상품, 납품업체, A/S 기록 등의 정보를 데이터베이스화 후 소프트웨어를 통해 필요한 정보는 BI(Business Intelligence) 소프트웨어를 사용하면 다소 쉽게 분석해 낼 수가 있다. 그렇지만 기술 데이터는 관리 데이터와 달라 다음과 같은 복합적인 과정을 거쳐야 한다.

- ISO/API/OPC/ISA 등 각 기술 분야 표준에 의한 데이터의 각 단위와 단위에 대한 관계를 규정짓는 모델링이 필요하다.
- 특정한 대상과 특정한 목적을 가진(예를 들면 제철소의 에너지 저감 측면, 석유화학의 품질 향상 측면)통합적인 데이터웨어하우스를 만든다.
- 설계 의도나 운전 및 정비 행위에 따른 데이터간의 연관성을 찾아내는 가시화 작업을 거친다. 왜냐하면 소프트웨어만을 이용한 룰(Rule)에 의한 판단과 처리에는 한계가 있으며 이러한 한계를 극복할 수 있는 것은 사람의 지식, 경험, 중단기 조직 목표, 정부 규제나 회사 방침 등을 종합적으로 판단하는 인간의 머리를 활성화하기 위함이다. '보는 것이 믿는 것이다'라는 말처럼 가시화만큼 인간을 활성화하는 수단은 없기 때문이다.
- 연관성을 파악한 룰(Rule)을 현장 테스트를 거쳐 특정 대상, 특정 목적(리스크 저감, 에너지 저감, 품질 향상, 비용절감 등)을 위한 정교한 룰로 만든다. 이 과정은 적어도 1-3년의 시간이 소요되는 지루 하지만 가치 창출 관점에서는 무척 의미 있는 기초적이며 기본적인 작업이다.

9) Notification(Work Request)

현장의 설비 상황에 따른 해석에 근거하여 현장 작업자가 설비의 이상 상태

혹은 주기적 교체를 위한 작업 지시를 요청하는 단계이다.

10) Work Order Approval

상위 관리자는 생산, 환경, 안전, 예산 등 여러 가지 요건을 고려하여 작업지시를 최종 승인하는데 이는 대개 ERP와 연결된 CMMS(정비관리전산시스템) 소프트웨어를 이용한다.

11) Reporting & Case Management

이러한 모든 일련의 과정은 운전과 정비와 관련된 경영자 혹은 관리자에게 일목요연하게 보고함으로써 성과와 관련하는 핵심성과지표(KPI: Key Performance Indicator) 지수로 활용할 수 있으며 각 건수 별로 관리함으로써 앞으로 일어날 수 있는 동일 사건에 대한 참고 자료로 활용되도록 설비별로 관리한다.

12) Continuos Education & Training

새로운 분야 기술 습득을 위한 교육이나 몸에 체득하도록 반복적 훈련에 대한 중요성은 아무리 강조해도 지나침이 없다. 기술이 아무리 중요하다고 그렇지만 결국은 이를 이용하여 성과를 내는 모든 과정에는 인간인 엔지니어가 있기 때문이다.

표 5-1에서 알 수 있듯이 프로세스 혁신을 위한 사람과 기술(플랫폼)을 합쳐 12개 과정의 매트릭스를 보면 모든 과정에는 People (Humanware)이 관여하고 소프트웨어와 하드웨어는 필요한 항목에만 있음을 알 수 있다. 특히 처음 무병장수를 시도하는 혁신 작업에는 외부 전문가가 필요할 수 있지만 내부에서 이를 습득하고 회사의 특정한 상황을 추가하여 자기 회사만의 특별한 방식을 만든 후 내부 인원에 의한 확장 적용을 한다면 바람직하다.

정보와 해석이 40:60이라는 타이거 우즈의 광고를 상기한다면 정보 기술을 위한 하드웨어나 소프트웨어 비중은 40%, 휴먼웨어적 측면에서의 사람에 의한 능력 배양을 통한 해석 60% 비중으로 최적화하여 프로세스 혁신을 하는 것이 바람직하며 이는 통합적 측면에서 동시적으로 하여야 한다.

암벽 등반을 하는 등산가가 로프와 안전벨트에 의지하여 자기 힘으로 조금씩 올라간 후 암벽 틈새로 너트나 프렌드를 넣어 지지력을 확보하고 실수로 미끄러지더라도 암벽 최하단으로 추락하지 않도록 안전장치를 하는 것과 같은 이치이다.

프로세스 혁신은 등산가처럼 사람이 하는 것이고 정보화는 안전장치처럼 일정수준에서 프로세스가 후퇴치 않도록 하는 것이라야 하는데 지금까지는 프로세스 혁신을 정보화 달성과 동일시했던 측면에서 성과창출과 다소 괴리가 있었음을 많은 정보화 업체에서도 스스로 인정하고 있다. 즉 완벽한 기술 분야 정보화를 어떻게 성과 창출로 연결지을 수 있는가가 앞으로 IT융합 측면에서 고민하여야 할 분야이다.

표 5-1 Process-People & Technology

Issue Item	Process			
	People(Humanware)		Technology	
	Engineer/ Technician	사내/외 Consultant	Hardware	Software
Basic Survey	○	○		
Collection Point	○	○	○	
Sensing(Instrument) Capacity	○	○	○	○
Proper Testiong	○	○		
Collection Skill by People	○	○		
Baseline/Alarm/Frequency Tuning	○	○		
Integration by Interface	○	○		○
Interpretation by Rule	○	○		○
Notification(Work Request)	○	○		○
Work Order Approval	○	○		○
Reportion & Case Management	○	○		○
Continuous Education & Training	○	○	○	○

5.3.3 정합성 데이터

우리는 현장에서 데이터의 중요성을 간과하고 있다. 아무리 좋은 센서와 소프트웨어가 있어도 가장 기초가 되는 것은 데이터이다. 우리는 흔히 IT산업이 자체적으로 큰 성과를 낼 수 있다고 믿고 있다. 각종 소프트웨어나 스마트폰 같은 하드웨어가 IT산업의 전부라고 생각하고 있다.

IT는 Information Technology(정보 산업)이다. 정보를 잘게 쪼개면 무엇이 될까? 바로 데이터이다. 데이터가 모여서 정보가 되고 대용량의 정보를 원활하게 저렴하게 전달해 주는 것이 즉 공간 개념을 없애버린 유비쿼터스적 기술 배경인 통신이다. 요즘 IT회사들이 나아가야 할 방향으로 잡는 것이 정보와 통신기술의 융합인 ICT(Information & Communication Technology)이다.

'쓰레기 들어가면 쓰레기 나온다.'라는 컴퓨터 분야 상식은 모두 알고 있으나 과연 컴퓨터에 입력하는 설비와 관련된 기술 데이터가 정합성이 있는가에 대해서는 누구도 주의를 기울이지 않는다.

정합성이란 무엇일까? 整合性은 사전적 의미로 공리적 논리체계에서 우선 필요로 하는 요건으로 공리체계에 논리적 모순이 없는 것, 즉 무모순성이라고 한다. 정합성 데이터는 모순이 없는 데이터라고 표현하자. 이는 있는 그대로의 진실된 데이터라야 되는데 현실적으로는 데이터가 왜곡되고 저품질의 데이터가 난무하고 있다. 특히 설비관리 분야에는 각 분야의 엔지니어가 자기만의 특수한 기술 분야에서 자기에게 혹은 자기가 속한 부서에 유리한 방향으로 데이터를 왜곡시키는 일이 비일비재하다.

그림 5-20 의 오른쪽에서 많은 사과나무를 가진 과수원의 주인은 해거리를 하지 않고 매년 싱싱한 사과가 많이 생산되기를 기대한다. 그런데 튼튼한 사과가 만들어지는 근본이 햇빛, 물과 영양분이 바로 데이터이다. 과수원 주인은 제조업 경영자, 사과는 재무제표상의 순익과 직결되는 품질 좋은 제품, 사과나무 자체는 설비이다. 물과 영양분은 땅속에 있는데 뿌리가 깊숙이 땅에 심겨져 있지 않으면 물과 영양분을 흡수할 수 없다. 튼튼한 뿌리와 줄기는 물과 영양분이 열매로 빨리 가도록 만드는 통로 역할을 하는데 이 역할을 여러 소프트웨어가 하고 있다.

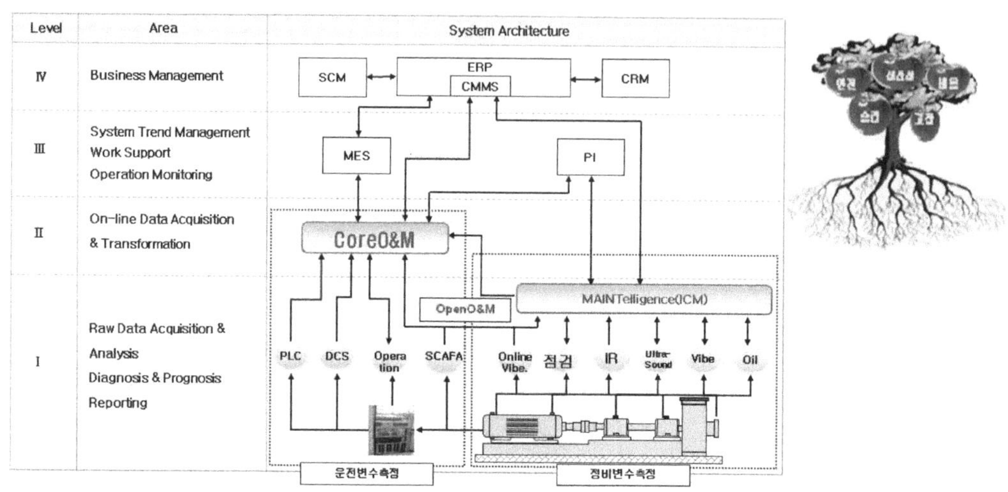

그림 5-20 Root to Fruit

사과나무를 이식할 때 잔뿌리가 상하지 않도록 하는 것은 물과 영양분을 잘 흡수할 수 있도록 하는 필수 불가결의 조건이다. IT업계의 소프트웨어 공급사들은 소프트웨어만 구매하여 업체가 사용하면 모든 것이 해결되고 성과가 나는 것처럼 이야기하고 있으나 소프트웨어 기능은 조금 더 빠르게(Faster) 조금 더 좋게(Better) 조금 더 싸게(Cheaper) 업무 프로세스를 구축하는 것이지 그 자체가 성과를 내는 것은 아니다.

한 동안 한국에 광풍처럼 몰아쳤던 ERP 도입과 구축은 관리체계에 혁신을 이루어 인사, 재무, 구매와 같은 분야에서 큰 성과를 이루었지만 제조업의 근본인 설비에서의 기술 데이터가 수익에 어떠한 영향을 주는지에 대한 관련성을 입증해 내지 못한 상태가 현재 전 세계의 문제점으로 대두되고 있다. 이러한 상황을 반영하여 비영리기관인 MIMOSA(www.mimosa.org) 에서는 공식적으로 설비에서의 데이터가 관리체계로의 수직적인 틈새(Vertical Gap)가 존재하여 연결되지 않는다고 하고 이를 쉽게 연결할 수 있는 '운전과 정비에서의 개방형 표준 체제'를 만들고 있는 것이 OpenO&M(Open Standard for Operation & Maintenance) 개념이다.

정합성 데이터의 조건은 다음과 같다.

1)올바른 데이터(Right Data)

현장의 다양한 기술 데이터는 그 분야를 이해하지 못하는 엔지니어는 옳고 틀린 데이터를 구별해 내지 못한다. 결국은 무병장수에 필요한 첫째 데이터는 온도, 압력, 유량 등 기초 단위 데이터인데 외부의 문외한이 이를 알아내고 올바른 데이터를 찾아내는 것은 불가하므로 그 분야 엔지니어의 책임과 역할이 크다.

2)신뢰할만한 데이터(Reliable Data)

올바른 데이터라 할지라도 데이터를 추출해내는 과정에서 신뢰할 수 없다면 데이터는 쓰레기가 된다. 저품질 혹은 왜곡된 많은 데이터가 있어도 그것이 설비의 무병장수를 이루는 의사결정에는 하등의 도움이 안 되는 것이다.

3)지속적인 데이터(Continuous Data)

올바르고 한 번은 신뢰할 수 있는 데이터라 하더라도 같은 종류의 데이터가 지속적으로 수집되지 않으면 정합성이라고 할 수가 없다. 지속적으로 수집된 데이터는 경향을 나타내고 그것은 다른 여러 데이터와 함께 복합적인 추론과정을 거쳐 엔지니어로 하여금 설비의 이상 상태, 고장 시점, 잔여 수명을 예측하고 회사에 수익이 극대화될 수 있는 의사결정을 거쳐 가능한 무병장수의 상태를 만드는 것이다.

이러한 세 가지 조건의 데이터 즉 정합성 데이터가 구축되는 상황을 Data Excellence 라고 한다. 탁월한 의미의 Excellent는 '완벽을 넘어서 더 좋은'(Better than Perfect)라는 의미로 세계 최고 수준이 되어야 가능한 용어이다. 정합성 데이터의 구축은 설비의 무병장수와 가치창출에 필수 불가결의 조건이다. 그래서 우리가 흔히 혁신에서 이야기 하는 기본으로 돌아가자(Back to the Basic)를 정합성 데이터로 돌아가야 한다(Back to the Data)라고 전환시켜야 한다.

5.3.4 막강한 데이터 능력

KAIST의 윤태성 교수는 오픈놀리지(Open Knowledge)라는 개념을 주창하면서 지식을 유통해 현금을 만드는 비즈니스 즉, 지식 비즈니스의 핵심으로 설명하였다.

수많은 지식을 폭넓게 모아 중립적으로 상관관계를 형성하고(지식의 구조화), 특정 목적과 관점에 따라 지식을 가공하여(지식의 재구축), 그 지식을 다시 전 세계에 오픈하면(지식의 유통), 많은 사람들이 그것을 활용하게 된다(지식의 활성화). 그런데 문제는 지식이라는 무형물을 논의 대상으로 하는 경우 눈에 보이게 하는 '可視化'가 되어야 문장이나 수치로 되어 있는 내용을 아주 짧은 시간에 풍부하게 전달할 수 있으며 지식의 본질을 쉽게 느낄 수 있다.

우리가 데이터, 정보, 지식과 지혜를 만들어 가는 근본 목적은 무엇일까? 그것은 험난한 현대사회에서 생존을 위해 경영자, 관리자, 엔지니어가 설비의 무병장수라는 목적과 관점을 공통 인식하면서 각자가 맡은 역할과 책임(Role & Responsibility)에 따라 의사결정을 하려는 것이다. 의사결정의 잘못에 따라 많은 리스크를 안고 인류에게 환경 재해와 방사능 오염 공포를 불러온 BP와 동경전력의 사례가 이를 증명한다.

특정 목적과 관점이 없을 때는 데이터는 단지 데이터 그 자체이다. 의사결정에 사용될 데이터를 정보라고 하고, 데이터나 정보로부터 추론된 내용을 지식이라 한다. 이러한 지식이 세상의 원칙(근원 법칙) 즉 因果의 법칙을 받아 자기 조직에 알맞은 것으로 변환시킨 것이 지혜이다. 지혜나, 지식이나, 정보 모두가 정합성 있는 데이터가 없거나 왜곡될 경우 모든 것이 무너질 수밖에 없는 이유가 여기에 있다. 첨단 설비를 도입하여 시간이 지남에 따라 정보시스템, 기록매체, 업무 프로세스, 규제, 법률, 담당자, 담당부서, 관련회사 등도 바뀐다. 그렇지만 시간이 지나도 바뀌지 않는 것이 있는데 그것은 바로 데이터이다. 이런 이유로 데이터를 모든 업무의 기초에 두어야 하고 Back to the Data(Back to the Basic)라고 언급한 바 있다.

선진 사례를 볼 때마다 그들이 두렵고 무서운 것은 그들이 보유하고 있는 데이터베이스이다. GE의 가스 터빈을 고가격으로 울며 겨자 먹기 식으로 살 수 밖에 없는 이유는 그들이 50년 이상 구축한 데이터베이스를 믿고 사는 것이다. 그것이

고객 입장에서는 고비용 구매라 하더라도 고장에 따른 리스크와 장기적 비용을 줄일 수 있다고 확신하기 때문이다.

윤태성 교수는 모래와 같은 데이터를 보석으로 변화시키는 방법으로 '데이터를 느껴라'(Feel the Data)라고 강조하고 있다. 히딩크 감독이 박지성의 운동 능력 데이터를 느끼고 앞으로 그의 잠재력을 예측하여 한국 국가 대표선수로 발탁하면서 그는 세계적인 선수로 성장하였고, 유능한 경영자는 재무 데이터를 보고 느끼면서 성장 예감과 앞으로 발전 방향을 가늠한다.

데이터를 느끼는 사례를 직업별로 보면 다음과 같다.

1. 최고경영자는 숫자 데이터를 보고 직관적으로 느끼면서 기업의 생존을 위한 장단기 의사결정을 한다.

2. 유능한 과학자는 축적된 실험 데이터를 보고 아름답다고 느낀다.

3. 형사는 데이터를 보고 범죄 냄새를 느낀다.

4. 회계사는 재무 데이터의 부조화를 보고 자금 흐름의 이상을 느낀다.

5. 의사는 진단 데이터를 보고 환자의 무병장수 여부를 느낀다.

데이터가 모든 것의 기본이라는 것은 자명하다. 그렇지만 데이터의 현실은 어떠한가? 모두가 공통으로 느끼는 것은 데이터량이 너무 많고, 정말로 필요한 데이터가 없으며, 데이터를 분석하는 것이 쉽지 않다는 것을 모두가 잘 알고 있다. 데이터를 진정 느끼기 위한 기술(TECH)을 윤태성 교수는 시간(Time), 반복(Echo), 관련(Connection), 조화(Harmony) 네 가지 요소를 중심으로 설명하고 있다.

◆◆ Time

시간의 경과에 따른 데이터 변화의 특징을 이해해야 데이터를 느낄 수 있다.

◆◆ Echo

메아리나 소리의 반향을 의미하는 에코는 데이터도 반복하는 것을 의미하는데 반복 시 보이는 특징은 재현되거나, 주기를 갖거나. 신호등처럼 규칙적이다.

◆◆ Connection

단수형 Datum이 아닌 복수형인 Data로 쓰이는 것은 상호 연결 관계로 맺어져 있다는 의미로 대소, 다소, 경중, 순역, 증감, 전후, 경중, 고저, 인과관계로 이루어져 있음을 의미한다.

◆◆ Harmony

방대한 데이터를 산포도로 보면 대개 데이터가 무게 중심을 가지고 특정한 형태로 구성되어 있으나 그렇지 않을 경우는 정합성 데이터로서가 아닌 입력 실수나 이상 값인지 혹은 새로운 발견인지를 판단하는 게 중요하다. 또한 무게 중심 없이 분산되어 있을 경우에도 조화와 부조화된 경우를 찾아내면 쉽게 데이터의 본질을 느낄 수 있다.

데이터를 느끼지 못하는 장애요인으로는 다음과 같은 이유들이 있다.

1) 개인의 개선의지가 없다

성공한 사람들은 끊임없이 자기 개선을 가져온 사람들이다. 자기 개선에 대한 필요성을 느끼지 못하거나 인생의 목적이 정해지지 않으면 자기 손에 중요한 데이터를 소유해도 절대로 데이터를 느낄 수 없다.

2) 가시화하는 방법이 부족하다

대개의 경우 데이터를 직설적으로 도표나 수치에 의해 표현하는데 이를 꽃이 피고 열매가 맺는 등의 은유적으로 표현할 경우 잘 느낄 수 있다.

3) 데이터양이 너무 많다

데이터가 없어 불안해하던 시대에서 정보산업의 발전으로 인해 데이터가 지나

치게 많아 불안해하는 시대로 바뀌었다. 에릭 슈미트 구글 회장은 인류가 지난 2003년까지의 정보 총량만큼의 새로운 정보를 생성하는 데 걸리는 시간을 불과 2일이라고 설명하였다. 이는 앞으로 기하급수적으로 늘어나는 데이터 및 정보 중 자기가 필요로 하는 목적과 관점을 갖지 않으면 우리는 정보쓰레기 쓰나미에서 살게 될 것이다.

4) 수학적으로 분석능력이 약하다

데이터 분석에 필요한 수식이나 통계 처리기법에 약한 대부분의 사람은 데이터를 느끼는데 근본적인 한계가 있다. 이 경우에는 가시화 소프트웨어를 사용하면 가능하다.

보통 사람이 생각하는 데이터의 본질은 데이터의 통계 처리한 결과라고 한다면 유능한 최고경영자가 생각하는 데이터의 본질은 데이터의 배경, 원인, 의도, 결과, 영향 등을 모두 포함한 것으로 앞으로 재원 배분에 있어 의사결정을 제대로 하는데 있다. 엔지니어도 데이터를 분석하는데서 한 걸음 더 나아가 본질을 느끼고 예측을 통해 예상 스토리를 만드는 연습을 한다면 가치를 창출하는데 큰 도움이 될 것이다.

데이터를 느끼고 이를 자기 전문 분야에 활용하는 것은 개인의 개선 의지 등 결국,사람의 태도 문제이다. 엔지니어가 자기 혹은 회사의 가치 창출에 대한 역할과 책임을 인식하고 각종 소프트웨어, 하드웨어 기술을 도입하여야 성공할 수 있다.

5.3.5 진단데이터 구축

측정을 위한 진단데이터를 구축하는 것을 도표로 정리하였다. 설비를 보유한 고객사와 이를 뒷받침하는 협력사의 역할과 책임에 대해 정리해 보기로 한다.

고객사의 역할

- 성과를 극대화할 전략 수립
- 조직 및 부서, 협력사간 역할과 책임 분장
- 교육 및 훈련 주관
- 주기적 핵심성과지수 관리
- 데이터 분석 및 해석
- 예측에 따른 사전 준비

표 5-2 고객사/협력사 역할과 책임(R&R)

수행주체 / Technologies	고객사	협력사 (Outsourcing)	Product (H/W,S/W)	비고
PDA/스마트폰 점검	• 점검대상 설비선정 • 점검기준 결정 • 점검 항목표준화 • 종합분석/보고서작성	일상/정밀점검 데이터수집 및 업로드	PDA/스마트폰	
Thermography	• 열화상이미지 분석 • 열화상DB관리 • 종합분석/보고서 작성	데이터수집	Many	
Lubrication	• 통합 윤활관리 및 유분석 • 종합분석/보고서작성	급유/오일샘플링 데이터수집	Many	
Motor Testing	• 종합분석/보고서작성	데이터수집	Many	
Ultrasound	• 종합분석/보고서작성	데이터수집	UE Ultraprobe 10000 SDT 170	
Vibration	• 정밀진단 • 종합분석/보고서작성	데이터수집	Many (On-line/Off-Line)	
Prognosis	• 데이터분석 및 해석, 예측에 따른 사전준비	-		

고객사 업무: 전략수립, 업무분장, 업무 표준화, 프로세스 혁신(PI), 교육주관, KPI 지수관리

◆◆ 협력사의 역할

- 현장 점검
- 단순하고 일상적인 현장 데이터의 수집
- 데이터의 업로드

이렇게 모여진 데이터는 아래 Tuning 과정을 거치면서 정교한 정보로서 가치를 부여받게 된다.

1) 설비관리 데이터베이스 구축

- 설비도면 및 제원파악 기록관리
- 측정 포인트 선정 및 관리시트 작성
- 결함 이력 파악 및 주요관리 대상 선정
- 설비별 결함 원인 분석 및 파악
- 측정 순서(루트) 현장 조사 및 파악
- 측정 파라메타 도출 및 DB 셋업
- 데이터베이스 시뮬레이션 및 오류 수정

2) 베이스라인 셋업 및 초기 알람 설정

- 현장 조사 및 설비 상태 육안 점검
- 초기 데이터 수집 개시 및 오류 분석
- 종합 설비 상태 평가(절대적 평가)
- 주요 관리 대상 설비 리스트업
- 데이터 수집 주기 선정 및 DB 적용
- 초기 알람 설정(오버올/밴드/통계 알람)

3) 플랜트 알람 튜닝 프로세스

- 알람 발생 현황 분석 및 패턴 파악
- 알람 신뢰도 평가
- 알람 튜닝 및 조정(조정 근거 기록 관리)
- 계절별 알람 관찰 및 분석
- 계절별 알람 세트 구축 및 적용
- 알람 통계 및 설비 상태 평가 분석

4) 설비별 알람 튜닝 프로세스

- 설비 카테고리별 알람 현황 분석
- 설비 카테고리별 신뢰도 평가

표 5-3 DB구축 및 Tuning Process

설비관리 데이터 베이스 구축	베이스 라인 셋업 및 초기 알람 설정
· 설비 도면 및 제원 파악 기록 관리 · 측정 포인트 선정 및 관리 시트 작성 · 결함 이력 파악 및 중요 관리대상 선정 · 설비 별 결함 주파수 부석 및 파악 · 측정 순서(루트) 현장 조사 및 파악 · 측정 파라미터 도출 및 DB 셋업 · 데이터 베이스 시뮬레이션 및 오류 수정	· 현장 조사 및 설비 상태 육안 점검 · 초기 데이터 수집 개시 및 오류 분석 · 종합 설비 상태 평가(절대적 평가) · 주요 관리 대상 설비 리스트 업 · 데이터 수집 주기 선정 및 DB 적용 · 초기 알람 설정(오버올/밴드/통계 알람)
플랜트 알람 튜닝 프로세스	**설비별 알람 튜닝 프로세스**
· 알람 발생 현황 분석 및 패턴 파악 · 알람 신뢰도 평가 · 알람 튜닝 및 조정(조정근거 기록 관리) · 시즌별 알람 관찰 및 분석 · 시즌별 알람 세트 구축 및 적용 · 알람 통계 및 설비 상태 평가 분석	· 설비 카테고리 별 알람 현황 분석 · 설비 카테고리 별 알람 신뢰도 평가 · 설비 카테고리 별 알람 튜닝 및 조정 · 설비 카테고리 별 알람 관찰 및 분석 · 설비 카테고리 별 알람 구축 및 적용 · 설비 카테고리 별 알람 통계 분석
고객에게 제공하는 결과물	
· 종합 설비상태 보고서(월간) · 주요 상태변화 설비 기술 상세 분석 자료 · 보고서 설명회 및 설비관리 개선 협의	

- 설비 카테고리별 알람 튜닝 및 조정
- 설비 카테고리별 알람 관찰 및 분석
- 설비 카테고리별 알람 구축 및 적용
- 설비 카테고리별 알람 통계 분석

5) 내/외부 고객에게 제공 결과물

- 종합 설비상태 보고서(월/분기/반기/년)
- 주요 상태변화 설비기술 상세분석 자료
- 보고서 설명회 및 설비관리 개선 협의

5.3.6 Data의 품질관리

부동산으로 중요한 가치 창출은 첫째도 위치, 둘째도 위치, 셋째도 위치에 있다. 인간에게 자기의 생각을 바꿔 변화를 만들어 내서 가치를 창출하는 것은 첫째도, 둘째도, 셋째도 교육과 훈련이다. 마찬가지로 제조업 설비관리 측면에서도 가치 창출의 지렛대는 첫째도 둘째도 셋째도 데이터이다.

IT업계의 공룡인 휴렛패커드 공동창업자인 David Packard는 "작은 일이 큰일을 이루게 하고 상세함(Detail)이 완벽을 가능케 한다."고 역설하였다. 여러 의미가 있을 수 있지만 데이터의 상세함을 역설한 것으로 이해할 수 있다.

앞으로 지식화와 정보화의 사회에서 기업이나 인간이 생존하는 길은 정합성 있는 데이터의 확보이다. 데이터는 모든 업무의 출발점이고, 과정이며, 종착점이다. 앞으로 이 세상의 중심축은 센서와 데이터로 이동할 것이라는 IT업계의 전망이 현실로 다가오고 있다. 즉 데이터의 시대의 주인공은 현장 엔지니어로서 많은 경험과 시행착오를 거친 엔지니어일 수밖에 없다.

이렇게 중요성이 대두되는 데이터의 품질 관리의 특징을 정리하였다.

1. 모든 정보 활용의 가장 기초가 되어 '쓰레기가 들어가면 쓰레기가 나온다'(GIGA:Gabage In, Gabage Out)는 IT업계의 명제가 데이터의 품질에 초점을 맞추는 시대로 인식되고 있다. 일반적으로 소프트웨어는 Input에 독자적인 알고리즘을 적용하여 처리한 결과를 Output으로 생성하는 구조이다. 정보화를 소프트웨어로 동일시하고 Input인 데이터에 대한 중요성을 간과한 결과는 정보화를 통해 가치를 창출하려는 본래의 목적을 잃어버리는 결과를 가져오는 것이 현실이다.

2. 다른 데이터, 정보와의 연계 및 공유가 필수적으로 단독의 데이터는 품질이 낮다. 시간의 변화에 따른 연계성, 전체 데이터와의 연관성, 성격이 다른 이종 데이터와의 관련을 고려치 않는 단독의 데이터는 기본적으로 신뢰할 수가 없다.

3. 데이터 품질로서 데이터 표준은 과거 정보 관리 차원이었으나 현재는 의사결정 수단으로 변화하였다. 의사결정자는 보고자의 의견(Opinion)을 원하는 것이 아니라 사실(Fact)을 절대적으로 요구하고 있다. 방송 및 신문사 등 편집데스크는 취재 기자로 하여금 의견이 아닌 사실만을 취재토록 하고 논평과 사설을 통하여 의견을 주장하는 것과 같은 이치이다.

4. 앞으로 IT 시스템의 핵심은 '데이터'로서 지금까지의 IT 투자는 프로세스 혁신에 전력 질주 하였지만 앞으로 10년간 데이터의 품질관리로 전환을 예상하고 있다.

5. 그동안 제조업 품질 발전 도구는 지난 40년간 QC(Quality Control), QM(Quality Managment), TQM(Total Quality Management), Six Sigma이었다.

대부분 기업 특히 제조업에서 데이터의 중요성에 대해서는 인정하나 항상 급하지 않은 일로 분류되어 최고경영자의 관심대상에서 멀어져 있었다. 또한 현장에서 수집된 데이터의 99%도 미활용 되고 있으며 1~3년 지난 데이터는 활용 불가하여 분석의 의미가 퇴조함으로써 점차 악순환의 과정을 거치고 있다. 이런 산업 현장의 고민 사항을 정리하여 보았다.

1) 데이터 입력의 신뢰성 확보

운전 정보 자동 취득에 대해서는 신뢰성을 인정하나 사람에 의해 측정이나 점검하는 기록은 기본적으로 신뢰성에 대해 의문을 가지고 있다.

이에 대해서는 필요데이터를 명확하게 구분하여 자동화 혹은 입력 방식을 표준화하여 신뢰성을 확보해야 한다.

2) 설비 기본 데이터의 신뢰성 확보

설비에 대한 목록화로 행정 관리되는 집 주소처럼 설비번호를 부여하고 중요도를 초기 분류 후 지속 검토하고 표준화하여야 하나 대부분 업체에서 실상은 미미하다.

특히 기기 분류에 따른 정비 방법 차등 및 고장 예측 프로그램 운영의 제약이 있으며 이에 대한 대안으로 데이터를 쉽게 분석하도록 룰과 패턴을 확인하는 방법이 필요하다.

3) 다양한 프로그램의 통합 운영

제조업의 특성상 전반적 설비 개선을 위한 통합 시스템 개발에 제약이 있으며 근시안적 시각으로 필요에 따른 개별 프로그램 개발 운영으로 다수 프로그램이 혼재하고 있다. 특히 개별 프로그램의 사용자는 소수이며 기타 업무가 다수이므로 프로그램을 통합 운영 필요하며 통합 운영 시 해당 프로그램의 링크 수준을 넘어 데이터 통합, 우선 순위, 효과적인 정보 제공, 중복 부분의 삭제가 필요하다.

4) 안전 계통의 적용성

안전을 최우선으로 하는 원자력 발전소 등의 전산 시스템은 감시용 전산시스템은 별도 채널로 하고 제어용은 물리적 및 논리적으로 완전 격리가 필요하다. 얼마 전 이란에서 원자력발전 설비에 지멘스 부품을 통한 스턱스넷 바이러스의 침투는 발전소 운영 자체를 마비시키는 최악의 문제를 발생시켰기 때문이다. 한국에서의 데이터 품질관리 수준을 한국DB진흥원(www.kdb.or.kr)에서 발표하였다.

2009년을 기준으로 하였고 2010년은 괄호로 처리하였으며 저품질 오류데이터를 조사한 경희대 박주석 교수는 금융과 공공부문 중심 조사를 토대로 전체 산업 품질 비용을 계산한 매크로 관점으로 제조 산업의 특성을 반영한 비용은 산정치 못하였으나 이 때문에 국가적 낭비는 위험 수준에 있음을 알 수 있다.

데이터 품질 기준별 성숙 수준 레벨

- 전체평균 0.9
- 정확성 0.4(0.5)
- 일관성 0.2(0.6)
- 유용성 1.7(1.4)
- 적시성 0.5(0.5)
- 접근성 0.4(0.5)
- 보안성 2.2(2.8)

산업 부문별 데이터 품질관리 성숙 수준 레벨

- 도입전 : 레벨 0
- 도입시 : 레벨 1
- 정형화 : 레벨 2
- 통합화 : 레벨 3
- 정량화 : 레벨 4
- 최적화 : 레벨 5

전체평균 0.9

- 공공 0.8

- 금융 1.2
- 통신 0.9
- 제조 1.0(2010년에는 0.9로 퇴보)
- 의료 0.7
- 유통 1.0

데이터의 품질 저해 요소는 다음과 같다.

- 자기 업무 처리에 필요한 최소한만 기록하고 나머지는 의미 없는 내용들을 기록한다.
- 동일 데이터를 중복 관리한다.
- 동일 부문끼리 서로 다른 기준 적용하여 데이터 기록한다.
- 동일한 데이터를 여러 사람이 조작해 책임 소재가 불분명해진다.
- 시간이 흘러 유효치 않는 데이터 보유한다.

각자 제한된 업무 관점에서 별문제가 없이 수행한 작업 처리가 궁극적으로 조직 전체의 데이터 품질을 저하하며, 근본적인 문제점 인식과 해결책 모색보다는 급하고 중요한 눈앞의 IT 시스템 오류 수정에 치중하는 것이 현실이다. 이제부터는 데이터의 주인은 IT 관리자가 아니라 현장 엔지니어라는 인식이 자리 잡아야 한다.

데이터의 품질 향상은 궁극적으로 전체 조직의 업무처리 프로세스 점검 및 개선을 통해 달성될 목표로서 정합성 데이터가 없으면 앞으로 제조업의 미래도 없다는 각오로 데이터 품질관리에 관심을 둬야 한다.

앞으로 비즈니스 분석은 결국 데이터로서, 데이터가 중심인 시대가 왔다. 외국 선진업체가 경쟁력이 강한 이유는 여러 요인이 있겠지만 핵심적인 강점은 정합성 데이터를 근거로 한 데이터베이스가 수십 년간 정리되어 보유하고 있어 유형재인 제품뿐만 아니라 무형재인 지식 서비스에 대한 핵심역량으로 자리매김하고 있어 한국 제조업으로서는 절대 시간을 짧은 시간에 선진 기업을 추월할 수 없다는 사실을 자각하고 사전에 미리 대처하여야 한다.

5.4 정보(Information)

데이터, 정보, 지식, 지혜의 의미를 정리하였다.

데이터는 사물을 표현하고 부르는 방식으로 특정 목적에 대해 평가되지 않은 상태의 단순한 여러 사실을 의미한다. 정보는 데이터를 일정한 양식으로 처리 가공하여 패턴으로 정리함으로써 특정 목적에 사용하는 것이다. 지식은 같은 종류의 정보가 집적되어 일반화된 형태로 정리된 것으로 특정목적 달성에 유용한 추상화되고 일반화된 것을 의미한다. 이는 기억력과 분석력과 사용능력이 통합되어 나타난다. 지혜는 지식을 분별 있게 사용하는 방법이다. 현재 이해하는 지식 자체의 한계 내에서 자기가 아는 것과 모르는 것을 알고, 할 수 있는 것과 할 수 없는 것을 아는 것이다.

5.4.1 진단기술의 종류와 적용

정보기술에서 중요한 사항은 새로운 획득이 아니라 쓸데없는 것 버리기로 요약된다. 이어령 교수는 인간은 후각의 70%를 버렸기에 다른 감각을 발전시켜 지구에서 생존할 수 있었다고 역설하고 있다.

'진단 없이 처방하지 마라.'는 전제에 따라 진단과 정보기술과의 관계를 통해 처방을 줄이는 접근 방법이 진단 정보화 기술이다

인간의 수명이 급격히 늘어나게 된 것은 세균의 존재가 확인되면서 세균의 종류와 영향을 진단하고 이에 따라 세균을 박멸하는 처방기술이 발전하면서부터이다. 그전까지는 전쟁에서 총칼로 인한 즉사 경우를 제외하고 상처에 의해 고름이 생기

고 썩어 들어가는 현상을 도저히 알 방법이 없어 대처를 못하고 절대자인 신이나 무당에게 의지하여 해결하려고 발버둥친 것이 인간의 건강 역사이다. 설비관리도 마찬가지이다. 산업 혁명 이후 경공업 시대 즉 노동집약적 설비에서는 고장이 주로 노동자에 의한 문제였으나 자본 집약적 설비 즉 대규모 투자가 수반되는 현대적 제조업에서는 설비의 고장이 제조업의 성과창출과 환경파괴, 안전문제로 바로 직결되는 시대가 되었다.

설비가 복잡화, 자동화, 성력화 됨에 따라 설비의 상태를 진단하는 기술이 끊임없이 발전되었다. 설비진단 기술의 핵심은 하드웨어인 센서기술과 소프트웨어인 데이터베이스 구축과 관련한 예측 기술이다. 계측제어라 함은 '측정 없이 관리할 수 없다(No Measurement, No Control)'는 진리에 속하는 기술사회의 용어이다. 그렇지만 이러한 센서의 개발은 정밀도와 내구성, 품질 측면에서 선진국의 장벽을 단기간 내 넘기가 어렵고 데이터베이스의 구축도 정합성 있는 데이터의 긴 시간 저장이 전제되어야 하는 장애 요인이 있다.

이러한 장기간 기술적 축적을 요구하는 하드웨어나 소프트웨어대신에 우리가 생존할 방법은 휴먼웨어로 엔지니어를 양성하는 방법을 찾아야 한다. 한국의 의학 수준이 단시간 내 선진 수준에 올라간 것은 해외에서 고가의 진단장비 등은 전량 수입하였지만 유능한 의사를 많이 양성한 것이 결정적 요인이었던 것과 마찬가지이다.

이 자료는 미국의 엔지니어링 컨설턴트인 Jim Taylor가 정리한 것으로 도표의 가로 축은 이 세상에 존재하는 단위 설비를 의미하고 세로축은 현존하는 진단기술을 의미한다. 최첨단 전투기 F-22랩터, 제철소 설비, 빌딩 도로 등 기간산업 등 모든 Physical Asset은 단위 설비의 응용과 적용으로 구성되어 있다. 내부에 들어가는 부품은 거의 전 세계에서 공용으로 사용되는 유명 제조사의 핵심 부품이 공통으로 사용되고 있음을 알 수 있다. 어느 나라 의사든 급박한 입장에서 수술을 하는데 있어 흑인과 백인, 노인과 청소년, 남자와 여자의 내부 장기는 같은 구조로 되어 있어 수술을 하는데 어려움이 없는 것과 마찬가지로 엔지니어도 모든 설비는 같은 원리로 제작되고 세계적으로 동일 메이커의 부품으로 제작되어 고장과 관련한 문제에 대한 핵심은 각종 진단기술에 따른 설비상태를 어떻게 잘 파악하고 진단하여 예측을 통해 무병장수에 대처하는 것이 핵심이다.

세로축의 개별 진단 기술은 각 단위 설비의 적용에서 만능이 될 수 없고 가장 알맞은 건강상태를 알아낼 수 있는 것으로 매트릭스화 하였다. 예를 들어 진동분석은 펌프, 모터, 디젤발전기, 중장비 및 크레인에는 상태감시에 잘 활용될 수 있지만 다른 설비에는 전혀 활용될 수 없다. 주의해 볼 사항은 모든 설비에 적용될 수 있는 기술은 현장 엔지니어 오감에 의한 점검과 열화상 정밀 분석뿐이다.

오감에 의한 점검은 현장 엔지니어가 가지고 있는 오감을 이용해 설비의 이상 소리 확인(청각), 이상 온도 확인(촉각), 이상 상태 확인(시각) 타는 냄새 확인(후각)을 하는 것이다. 이는 체크리스트 기법으로 종이 혹은 수첩에 적는 점검방식에서 PDA 혹은 스마트폰으로 발전하고 있어 점검자만이 가지고 있던 설비상태가 관련자 전원에게 즉시 전달될 수 있는 소통의 시대에 와 있다. 열화상 분석은 공항의 출입국장에서 볼 수 있듯이 인간 혹은 설비의 건강 상태에 따라 발생하는 표면 온도를 측정하여 시각적으로 이상 상태를 쉽게 확인하는 기술이다.

이러한 진단기술은 통신 기술의 발전과 더불어 세 가지 단계로 구분된다.

표 5-4 진단기술 종류

기술 \ 적용	펌프	모터	디젤 발전기	콘덴서	중장비/크레인	전기 부품	밸브	열교환기	계전 시스템	변압기	파이프	탱크
오감에 의한 점검	○	○	○	○	○	○	○	○	○	○	○	○
진동 분석	○	○	○		○							
윤활 및 연료분석	○	○	○		○							
마모 분석	○	○	○		○					○		
초음파 소음 감지	○	○	○	○			○	○	○	○		
초음파 유량	○			○			○	○			○	
열화상 분석	○	○	○	○	○	○	○	○	○	○	○	○
베어링 온도	○	○	○		○							
두께 측정				○				○			○	○
성과 모니터링	○	○	○	○			○		○			
모터 회로 분석		○				○			○			
극성 지표		○	○						○			
절연 저항			○			○			○			
모터 전류 분석	△	○	△						△	○		
전기 모니터링									○	○		
전력 품질 모니터링									○	○		
변압기 오일과 가스 분석										○		

1) 온라인 모니터링

노인의 혈압상태를 원거리에서 측정하고 이상 시 즉각 출동하는 첨단 의료시대와 마찬가지로 천안함 침몰을 원거리에서 즉시 감지하는 레이더 탐지 기술, 각종 요소 기술의 유무선 통신에 의해 원격에서 감시하는 모니터링 체계로 대규모의 투자가 필요한 단점은 있으나 빠르고 쉽게 원격에서 측정할 수 있다는 큰 장점이 있어 앞으로 유비쿼터스 시대에 확고하게 자리 잡을 것이다.

2) 인간에 의한 점검

병원 방문 시 환자가 간호사의 도움을 받아 체온, 체중, 가족력, 담배와 음주, 성생활 등의 생활 습관을 적은 체크리스트 표를 보고 의사가 청진기를 이용한 오감에 의해 환자를 간이 진단하는 방식으로 주치의의 경험과 의학지식에 근거하여 병의 추정에 따른 정밀진단을 결정한다. 이는 설비관리에도 마찬가지로 점검만 주기적으로 잘해도 고장의 80~95%는 미리 예방할 수 있다.

3) 정밀진단

주치의 결정에 따라 종합병원에서 고가의 혈액검사, X레이, CT, MRI, PET와 같은 정밀진단을 받은 환자는 그 데이터를 받아본 의사의 경험에 따라 수술과 투약, 휴식 권유 등의 처방을 받게 된다. 종합병원에서도 같은 데이터를 보고도 여러 의사의 축적된 경험과 의학 지식에 따라 환자의 질병상태를 다르게 판정하여 오진하는 것처럼 설비의 이상 상태를 판정하여 교체, 보강, 수리의 의사결정 내리는 것 역시 엔지니어의 오랜 경험과 관련 기술의 축적에 달려 있다.

5.4.2 예측 O&M 시스템

예측이라 하면 가장 유명한 것이 노스트라다무스이다. 16세기 철학자, 의사이자

점성가인 그는 여러 권의 예언서를 남겼는데 자신의 죽음, 제1차 세계 대전과 스페인 독감, 히틀러와 나폴레옹의 등장, 일본의 원폭 투하, 9.11테러 쓰촨 성 대지진, 리비아에 대한 NATO 공격까지를 정확히 예측하였다고 한다. 예언서에는 특히 파스퇴르에 대한 이야기가 두 번이나 나오는데 파스퇴르는 질병의 원인이 세균이라는 것을 밝혀 그 후 질병 연구는 획기적 전기를 마련하고 인간에게 있어 무병장수의 새로운 장을 열었다.

여기서 우리는 인간과 설비, 무병장수 그리고 예측에 대해 정리해 보기로 하자. 세균에 의해 질병이 생긴다는 것을 모른 예전의 인간은 병나는 것에 대한 이유를 몰랐기에 속수무책으로 일찍 죽을 수밖에 없었던 것이 현실이었다. 그렇지만 이제는 병이 걸리면 적어도 완치 가능 혹은 몇 년의 남은 수명을 예측할 수 있는 첨단 의학의 시대에 살고 있다.

설비의 건강관리로 국한하여 생각해 보자. 인간의 병이 세균에 의해 일어난다면 설비의 고장은 무슨 이유 때문에 일어날까? 이 세상의 원칙이 인과인데 반드시 근본 원인이 있다. 병을 일으키는 각종 세균 등에 대한 데이터가 있기에 환자에 대한 남은 수명을 예측할 수 있듯이 설비에 대한 각종 데이터가 있다면 남은 수명을 예측하고 무병장수로 갈 수 있다는 논리가 성립된다.

설비에 있어 데이터는 설비 제작부터 폐기까지 평생에 대해 검토하려면 너무 방대하다. 이는 어머니 뱃속에서 잉태부터 사망 후 처리까지의 광의적 범위를 좁혀 현재 이 시점에 사는 인간의 활동과 몸 상태에 대한 정비로 국한해 보는 협의의 범위로 보고 건강관리를 하듯이 설비관리도 평생적으로 하기에는 너무 범위가 넓어서 현시점 운전(Operation)과 정비(Maintenance)라는 개념으로 국한시켜 무병장수로 접근하여 보자.

'Let people work' 대신에 'Let system work'라는 말이 있다. 사람으로 하여금 일하게 만드는 게(let) 아니라 시스템이 일하게 만든다는 의미이다. 여기서 시스템이란 사람(휴먼웨어)과 기술을 포함한 총체적인 의미이고 기술은 하드웨어와 소프트웨어를 포함한 것으로 세 개의 웨어(Ware)가 통합적으로 모여져(Integration) 주어진 환경에서 가장 알맞은 상태, 즉 최적화된(Optimized) 상태를 Smartware라고 지칭한다.

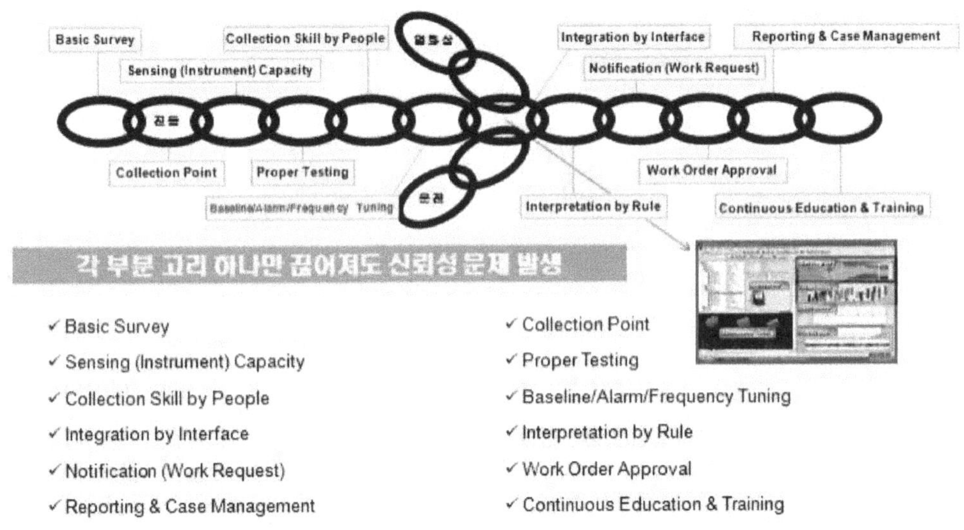

그림 5-21 Data to Decision-mking

몸의 한 부분 예를 들어 보자. 간이 세균에 의해 염증이 생겨 간염이 되고 간경화와 간암으로 발전하여 사망하는 경우를 주변에서 종종 보아 왔다. 미리 간염이 생기지 않도록 또한 간염보균이 되지 않게 하려고 우리는 사전에 항체 주사를 맞는다. 이러한 모든 것은 인간이 무병장수에 대한 확고한 희망이 있기에 건강관리를 하는 것이다.

간염 보균자는 보균, 즉 세균을 몸에 보유하고 있다는 데이터를 혈액검사를 통해 확인하고 건강에 유의하여 오래 살 것인지, 함부로 간을 해치는 술, 담배, 과로, 스트레스에 의한 악화에로의 진행을 해나갈 건지는 전적으로 보균자의 건강 인식과 생활 행태에 달려 있다.

여기서 설비관리에 적용할 가장 중요한 핵심 단어가 데이터이다. 설비와 관련한 측정장치, 설비부품 자체, 운전상태, 제품품질 현황 등 각종 데이터가 발생하고 있으나 생산, 품질, 정비, 안전등의 엔지니어는 자기가 속한 부서의 한정된 자료만 관리할 뿐이다. 어느 한 부서만 잘한다고 회사의 성과가 좋아질 수 없는 것을 나무물통의 법칙에서 이미 설명한 바 있다.

병원에서 환자의 건강과 관련한 데이터를 병이 생긴 부위 즉 간, 위장, 대장, 뇌 등에 데이터를 모으는 것을 활용한다면 쉽게 병을 고칠 수 있는 것처럼 우리도 설비중심으로 데이터를 모아야 한다. 각종 설비의 작은 부분까지 부동산 등기부 등본 관리하는 것처럼 주소를 부여하고 이에 따른 모든 데이터를 모아야 한다.

데이터가 별로 없을 때는 큰 의미가 없지만 이것이 댐을 건설하고 시간이 지나면서 물이 댐에 가득 차면 홍수 조절과 발전이라는 성과 창출을 할 수 있듯 데이터가 모여 데이터베이스가 되면 엔지니어의 설비 무병장수의 의사결정에 크나큰 역할을 할 수 있다. 이러한 데이터가 없으니 엔지니어와 상위의 관리자는 설비의 이상 징후가 심각한 연후에 그동안의 설비 이력을 서로 맞추어 의사결정을 하려 하나 설비 이상과 관련한 정합성 있는 데이터나 설비 이력도 어디에서 어떻게 찾아야 할지 모르는 우왕좌왕하는 혼란의 현상이 반복되고 있는 것이다.

이는 평소 주기적으로 건강 데이터의 축적 없이 폐암 3기 진단을 받았을 때 환자와 가족이 혼란스러운 상황과 같다. 도대체 1기, 2기를 건너뛰고 3기로 바로 진행될 수 없음에도 평소에는 건강에 무관심하다가 질병이 생활에 지장을 주어야 비로소 건강의 중요성을 느끼는 것처럼 안정된 품질과 생산성에 지장을 주는 설비의 이상 상태가 되어야 비로소 설비관리에 관심을 두는 최고경영자와 관리자와 똑같은 상황이다.

건강할 때 건강을 챙겨야 오래 살 수 있는 것처럼 설비도 건강할 때 많은 관심을 가지고 시스템이 건강하게 작동되도록 즉 휴먼웨어, 소프트웨어, 하드웨어가 통합되고 최적화된 상태로의 데이터베이스가 구축되면 설비의 잔여 수명에 대한 예측이 훨씬 쉬워진다. 설비의 잔여 수명과 신규투자 등에 대한 경영자의 의사결정도 노스트라다무스 예언처럼 긴 시간을 두고 예측 가능하다. 예측이 필요한 이유는 장시간이 소요되는 인력 양성의 문제와 투자 및 비용과 관련되는 자원 배분과 밀접한 관계가 있다.

5.5 지식(Knowledge)

프랑스 소설가인 베르나르 베르베르는 '창의성은 기존 지식에서 한계를 넘는 방법을 찾고 자유로움을 추구하며 메모와 규칙적인 습관에서 나온다.'라고 설명하였다. 무병장수를 목적으로 하는 창의성과 지식의 상관관계를 잘 표현한 말이다.

5.5.1 고장/ O&M측면 복잡성 타개론

세상만사 모든 일은 의사결정의 과정을 거쳐 행동으로 진행되어 결과가 나오게 되어 있다. 인간이 태어나서 자기 생각을 하고 행동하는 순간부터 죽을 때까지 많은 선택의 연속이 인생이라 하면 이러한 선택은 반드시 자기 자신의 의사결정이 전제하게 된다.

이러한 선택은 자신의 철학, 인생관, 목표, 이해관계 등 살면서 취득한 다양한 데이터에 근거하여 정보가 되고 자신의 암묵지 지식을 거쳐 의사결정을 하게 되면 행동의 결과로 여러 가지 결과를 가져오게 된다.

제조업의 설비도 마찬가지로 기업이 추구하는 가치, 즉 리스크 저감, 품질 고도화, 생산성 최적화, 에너지 등 각종 비용감소 등을 위해 기업이 축적된 데이터, 정보, 지식을 가지고 지속적 개선이라는 프로세스를 거쳐 기업이 목표하는 방향을 위해 운영하는 것이다. 그렇지만 개선을 위한 많은 데이터가 있어도 그것이 어떤 과정을 거쳐 의사결정에 이르는 가에 대한 체계적인 방법론이 없었다. 'Data Rich, Infomation Poor'(데이터는 많지만 정보는 부족)가 제조업 현장에서 느끼는 실상이며 여기에 지식화에 대한 암묵지 및 형식지 접근방법은 더욱더 복잡성을 가져와 어떻게 체계적으로 의사결정을 하여야 할지 속수무책일 수밖에 없다.

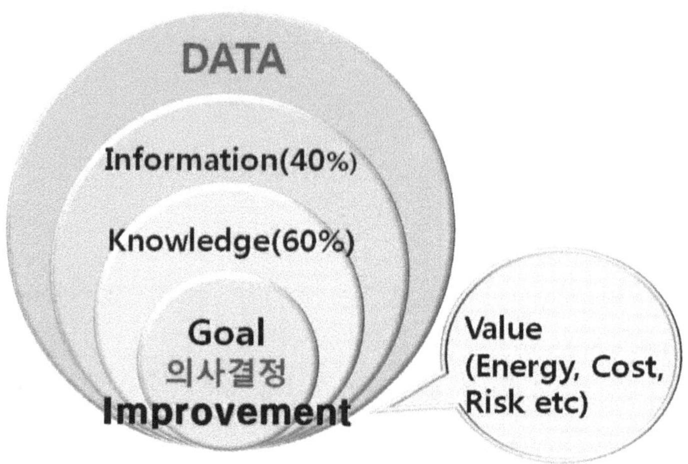

그림 5-22 Step to Improvement

제대로 된 의사결정이 기업에 큰 성과를 가져오는 것은 누구나 알면서 그것을 활용하는 문제에 당면하여서는 복잡성과 혼돈 속에서 헤매게 되고 할 수 없이 의사결정을 해야 한다면 예전 방식 그대로를 답습하는 구태의연한 프로세스대로 하다 보니 좋은 성과가 나올 수도 없을뿐더러 설령 좋은 성과가 나와도 우연함으로 인해 반복적 좋은 성과에 내한 기대가 앞으로 확보할 수 없다. 데이터가 오랜 기간 많은 정합성 데이터가 축적되어 있다는 전제를 하고 의사결정에 이르는 프로세스를 살펴보기로 한다.

1) 분석적(Analysis) 접근 방식

의사결정을 분석적 방식으로 하는 것으로 다양한 해결책을 제시한 다음 이를 걸러내고 또 걸러내 최종적으로 3~4 개의 옵션 중에서 한 개를 고르는 좌뇌적인 접근 방식으로 모든 데이터가 정량적으로 존재할 경우는 BI(Business Intelligence) 측면에서 상당한 의사결정의 효과를 볼 수 있다.

2) 통합적(Synthesis) 접근 방식

어떤 실마리를 가지고 이것들을 좀 더 창의적인 방법으로 연결하는 우뇌적인 접근 방식으로 정량적 데이터를 바탕으로 한 정보나 정성적 데이터 혹은 오랜 기간 축적된 경험을 바탕으로 우뇌를 활성화하는 지식 관리(KM: Knowledge Management)적 차원으로 개인의 암묵지가 조직의 형식지로 바뀌면서 많은 창의적인 선택이 가능하게 되는 접근 방식이다.

3) 통찰적(Insight) 접근 방식

1959년 Charles Lindblom이 주창한 방식으로 현재 상황을 토대로 한 단계씩 조금씩 발전해가는 과정을 의미한다. 선택하여야 할 사항을 표면적으로 평가하기보다는 가차 없이 줄이는 제한적 비교의 반복 방식으로 미술 대가인 피카소, 월마트 창업자인 샘 월튼, 투자의 현인으로 불리는 워렌 버핏이 즐겨 사용하는 방식이기도 하다

이는 수많은 데이터가 뒤섞여 있는 엄청난 복잡성 상황에서 마치 계시처럼 해답을 찾아 의사결정을 하는 통찰(Insight)을 의미하며 끊임없이 임기응변을 발휘하며 고차원적인 최종 목적과 중간 목적, 기본 추구 행동을 조합하여 제한적 비교의 반복(Muddling Through)으로 '그렁저렁 헤쳐가기' 전략이라고 국내에 소개된 바 있다.

아이작 뉴턴이 사과가 떨어지는 것을 보고 "아하" 하고 중력의 원리를 깨달은 것이 우연(Random)히 나타나는 것이라고 그동안 생각하였지만 이는 우연한 소산이 아니며 0.3초의 짧은 시간에 두뇌의 상위측두이랑(aSTG)에서 좌뇌와 우뇌가 해결치 못하는 복잡한 문제를 좌뇌와 우뇌가 반응하기도 전에 의사결정 하도록 제3의 문제 해결방식이 통찰이다.

잘 정리된 데이터와 정보 자료를 보고 최고경영자들이 자기 자신의 통찰을 기반으로 다르게 의사결정 하는 것을 보고자는 독단으로 치부하고 불만을 터트렸다가 결국은 올바른 방향으로 검증되었던 성과를 종종 보면서 지금껏 과학적으로 설명할 수 없었었던 복잡성의 문제 해결책이 체계화된 것이다. 그렇지만 무조건 통찰만이 의사결정의 전부라는 것을 의미하는 것은 절대 아니다.

바람직한 복잡성에 따른 문제 해결책은 정성적인 데이터를 정량화하고 오랜 기간 정합성 데이터가 모여진 상태에서 데이터를 근거로 분석적 방법을 통해 옵션을 만들고 다른 창의적 방식을 도입한 종합적 방법에서 통찰적인 접근을 하는 복합적 방식이 바람직하다.

5.5.2 지식 구조화

百聞이 不如一見, 즉 백 번 듣는 것보다 한 번 보는 것이 낫다. 측정과 개선이라는 절대적 명제에 신뢰성 있게 측정한 것을 보면 개선할 수 있어진다. 지속적 개선은 무병장수라는 목적과 관점을 가진다.

'지식의 구조화'는 동경대학 총장을 역임한 고미야마 히로시 교수가 주창한 개념으로 '구조화된 지식, 인간, IT 이들의 상승효과로 방대해지는 지식에 적응하는 뛰어난 지식환경을 구축하는 것'으로 정의하며 구조화된 지식이란 '상호 관련된 지식군'이다. 구조화된 지식은 관련을 맺은 지식군이다. 엔지니어는 어느 정도 전문 영역 전문가이며 머릿속에 구조화된 영역 지식을 가지고 있다. IT는 스피드와 용량, 규모 면에서 인간을 능가하지만 인간은 IT 시스템을 통해 실현 불가능할 정도의 고도로 유연한 구조화를 구현하였다. '구조화 지식, 인간, IT'를 병용하면 상승작용이 일어난다.

'농경사회의 도구가 철제 농기구, 공업사회의 도구가 공작기계, 정보사회의 도구가 정보하이웨이라면 21세기 지식사회의 도구는 구조화된 지식이다'라고 고미야마 히로시 교수는 강조한다. 공장 설비와 관련된 지식은 종합 학문과 경험이 적용되어 기계, 전기, 화학, 환경, 안전, 재무 등 수많은 지식 영역이 존재하고 이 영역은 상호 이해의 상당한 어려움이 있어 무병장수라는 목적을 달성하기에는 힘든 난관이 봉착하고 있다.

KAIST의 윤태성 교수는 '오픈놀리지(Open Knowledge)-지식은 어떻게 비즈니스가 되는가?'라는 저서에서 지식비즈니스를 위한 데이터 처리는 전문가 집단이 데이터나 정보를 수집해서 응용 가능한 지식으로 제공하고 이러한 지식으로부터 회사

고유 지식(지혜)의 창조에 경영자원을 집중하여야 21세기 지식시대의 비즈니스를 영위할 수 있다고 주장하고 있다. 여기서 가장 기본이 되는 것이 데이터이고 그것도 정합성 데이터라야 한다. 저품질, 왜곡 데이터는 정보와 지식, 지혜라는 일련의 의사결정 과정을 근본적으로 흔들 수 있는 주춧돌과 같은 것이다.

이러한 데이터는 목적과 관점에 의해 '암묵지' 바다에 있는 것이 전통, 관습, 노하우, 요령, 센스, 경험 등이며, '형식지'의 바다에 있는 것이 특허, 문서, 도면, 매뉴얼, 프로그램, 가이드, 계약서 등으로서 이러한 데이터를 설비중심으로 모아서 정보를 만들고, 지식화하는 것을 (허용된 접근 권한에 따라) 누구든 볼 수 있게 만들면 40%는 성공한 것이다.

나머지 60%가 엔지니어에 의한 분석과 통합 과정을 거쳐 의사결정에 이르는 것으로 서양의 분석(Analysis)기법과 동양의 종합(Synthesis)사상, 즉 서양에서는 사물을 요소로 분할해 재구성하는 것에 비해 동양에서는 전체를 이해하려 한다. 이는 좌뇌적 기법과 우뇌적 기법과도 연관되고 제 3의 대안인 뇌의 상위측두이랑에서 0.3초 만에 이루어지는 '직관'과 어우러져 무병장수에의 목표를 위해 의사결정을 하는 것이다. 지식 구조화 시스템 그림에 의해 설비관리 무병장수 목적에 따른 고미야마 히로시 교수의 지식구조화 시스템 구축에 필요한 요소를 적용하여 설명하였다.

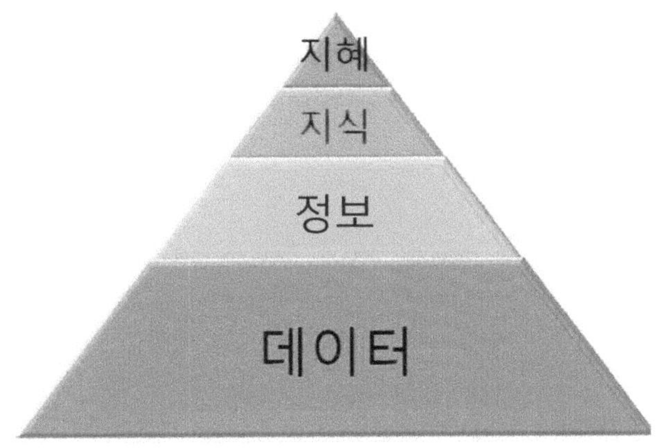

그림 5-23 데이터와 지혜의 관계

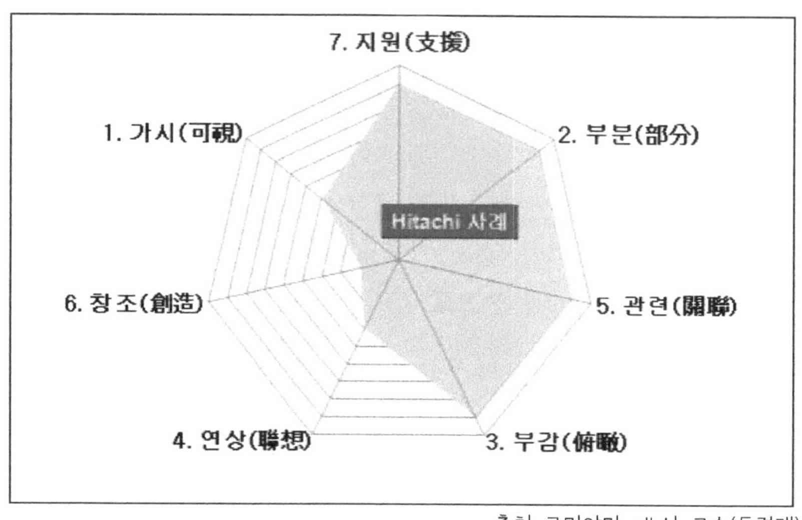

출처 고미야마 glh시 교수(동경대)

그림 5-24 지식 구조화 시스템

1) 가시(可視)

공장의 각 설비에서 측정되는 데이터를 모아 하나의 데이터베이스를 만든다. 이는 독사적 기능 중심, 즉 생산, 품질, 안전, 환경, 정비부서를 통한 데이터가 아니라 제조업에서 가치를 창출하는 원천인 설비에서 센서에 의하든 혹은 현장 직원에 의하든 직접 정합성 데이터를 수집 후에 자기 부서의 목적과 관점으로 데이터를 본다. 이 경우 데이터는 경영층부터 현장 엔지니어까지 모두가 볼 수 있어 알고리즘, 책임과 권한, 담당자 및 관계자 등과 관련한 처리과정이 가시화 된 원활한 소통 상태가 된다.

2) 부분

지식시스템이 모듈화 되어 설계, 구매, 건설, 운전, 정비, 폐기와 같은 활동으로 구분할 수 있으며 이는 평생적인 설비의 일생 측면에서 중요한 방법이다. 모듈로 개발 시에는 모듈간 표현 형식이나 알고리즘의 건전성에 유의하여 원활한 소통에 지장이 없도록 하여야 한다.

3) 부감(俯瞰)

높은 곳에서 내려다본다는 의미인 부감은 무병장수라는 목적에 필요한 지식의 전체 구조이다. 상공에서 한국을 보면 전체가 보이는 경우처럼 지리적 입장에서는 부감이 가능하나 환경 문제나 설비관리 문제를 부감하지 못하는 것은 지식이 구조화 되어 있지 않기 때문이다. 구글과 야후의 검색 엔진과 DB는 개발되었으나 흩어져 있는 직소 퍼즐 조각의 단편만을 검색하는 것이 현재의 정보기술이며 지식의 구조화는 이루어지지 않은 상태이다.

4) 연상

목적과 관점에 따라 연상하는 이유가 달라진다. 한 지식에서 다른 지식이 연상되는 것은 두 지식이 특정한 관계가 있기 때문이다. 본 저서에서 무병장수라는 동일 목적과 관점으로 누구나 병원에 다녀본 기억을 바탕으로 의학적 상관성을 가지고 설명하였다.

5) 관련

단독으로 존재하는 지식은 없다. 한 지식이 다른 지식과 특정한 관련을 맺는데 이 관련을 표로 나타내면 지식 네트워크가 되고 이것의 목적 중의 하나는 허브지식을 발견하는 것이다. 같은 지식 네트워크라도 관점과 목적이 변하면 허브(Hub)지식이 변하므로 설비관리 특유의 허브지식을 구축하여야 한다.

6) 창조

정보 검색이나 분석을 통해 만들어진 지식 네트워크는 반드시 목적과 관점과 함께 사용하는 사람의 지식에 상응하여 지원해야 한다. 지식 네트워크 자체는 정적이지만 새로운 지식이 들어오면 동적으로 변하고, 새 지식은 지식 촉매가 된다. 지식 촉매로 인한 지식 네트워크 반응을 보며 다양하고도 훌륭한 시나리오를 만들 수 있는데 이것이 창조이다.

7) 지원

검색어를 입력하여 관련 지식을 찾아내는 것이 현재의 방식이다. 그렇지만 무병장수라는 동일 목적과 관점을 가진 경영자, 관리자, 현장 엔지니어라 할지라도 각자의 역할과 책임에 따라 설비관리를 다른 차원에서 보기를 원한다.

경영자는 전 세계에 있는 공장의 건강 상태 및 생산 능력 대비 공급에 따른 앞으로 투자문제에 관심을 갖고, 관리자는 설비가 저비용으로 고장 없이 돌아갈 수 있는 최적화 관점이며, 현장 엔지니어는 초기 고장에 바로 대처하여 큰 고장으로 진행되지 않도록 하는 관점이 강하다. 지식시스템에 접속 시 인증 로그인에 따라 개개인의 역할과 책임에 따른 연상경로를 중심으로 지원한다면 적절한 자기 맞춤형의 내용을 제공받을 수 있고 이는 바로 의사결정에 활용될 수 있기 때문이다. 개인의 연상경로는 개인이 만들고 타인과 교환이나 통합도 가능하기에 이 경우 개인지식은 부서 혹은 회사 전체의 조직지식으로 변환시킬 수도 있다. 원래 사람은 다른 사람의 연상경로를 보아야 새로운 연상경로를 떠올리며 창조과정을 하는 것이다.

5.5.3 Analytics기법

시장과 고객의 행동 관련 데이터를 해석하고 패턴을 인식하여 예측하는 경영 기법으로서 매 순간 업데이트하여 진화하는 인공지능 기능을 가지고 있다. 이러한 인공지능은 엄청난 양으로 데이터를 모으고 그 정보를 정교하게 설계된 수학 원리에 따라 컴퓨터에 가장 적합한 실행 명령을 내리는 절차인 알고리즘으로 가공하는 것이다.

이는 데이터에서 예측으로 수익을 높이는 전략무기로 첨단 IT 기술기반 정보 분석으로 경영 목표를 달성하는 의사 결정 수단으로 활용되고 있다. 이러한 측면에서 Accenture Korea 경영컨설팅 박영훈 대표가 제시한 시장예측을 통하여 기업수익을 높이기 위한 DELTA 모델은 다음과 같다.

Data

적극적 자세로 자기의 문제를 해결할 특정 정보를 찾는다. 이 경우 쏟아지는 데이터의 양은 어마어마하며 바닷물이 한꺼번에 밀려드는 쓰나미 사태로 표현하듯이 기하급수적으로 늘고 있다.

Enterprise

수익과 관련한 정보는 누구와도 공유한다-월마트와 협력업체 간에는 갑과 을의 관계로 종속적이고 폐쇄적인 관계가 아니라 수익이라는 근본 목표를 위해 과감히 공유한다.

Leadership

경영자나 관리자들의 의사 결정에 과거 경험이나 지식에 근거하지 않고 데이터를 근거로 하는 Analytics 기법을 적극적으로 활용한다.

Targeting

한정된 시간, 인력, 자금 등의 자원을 배분함에 있어 의사 결정을 한다.

Analyst(아웃소싱)

통계자료, 정량 및 정성 분석, 정보 모델링 기술은 해석함에 있어 적극적 의사결정에 활용할 수 있으며 분석 전문가들은 비즈니스 감각과 분석 능력에 바탕을 두고 장기적 전략을 세우고 통계 모델을 바탕으로 적용 대상을 개발하면서 트렌드 분석을 한다. 이 경우 수학적 근거를 가진 분류 알고리즘을 활용하여 예측 모델을 만들고 통계 모델링 등 고도의 테크닉을 적용하여 실제 의사결정 적용하는 비즈니스 프로세스 아웃소싱이 대기업을 중심으로 적용되고 있다.

이는 다음과 같은 분야에 적용될 수 있다.

1. 고객 관계 - 고객의 수요를 예측하여 적합한 상품 개발과 마케팅 및 고객을 세부 집단별로 나누고 가장 수익 높은 집단을 포착하면서 지불의사가 있는 가장 높은 가격을 찾아 수익을 극대화하고 고객과 헤어질 시점을 잡아 대처한다.

2. 공급망 및 영업 활동 - 필요한 상품을 필요한 시점에 맞춰 필요 물량만큼 확보하거니 생산 및 유통 시설을 가장 적합한 지점에 설치하고 재고 상품별로 비용 부담을 파악하는 데 활용한다.

3. 인력관리 - 어느 분야에 어떤 인력이 어느 정도 필요한지를 알 수 있게 활용할 수 있으며 개인별로 성과를 측정하고 적합한 연봉을 책정할 수 있다.

4. 재무 및 회계 - 어느 분야에 재무적 성과가 발생하는지 알 수 있으며 재무 및 회계 리스크를 사전에 파악하는 데 활용될 수 있다.

이러한 Analytic 기법은 모든 분야에 적용되는 만능이 아니고 특히 다양한 데이터를 전제로 하는 기술적 분야에 적용하는 데 한계가 있다. 인간의 병이나 설비의 고장 예측 등 기술 분야는 다음과 같은 한계를 가지고 있다.

데이터는 크게 두 가지로 크게 나뉘는데 관리데이터와 기술 데이터로 나누어진다. 사람, 시간, 자재, 돈 등과 관련한 일정한 수치로 항상 표현되는 관리 데이터는 Analytics 기법이 적용 가능하나 상태 및 징후 등 다양한 기술 데이터는 정량 데이터뿐만 아니라 정성 데이터도 많아 적용에 근본적 한계가 있으며 오프라인 및 점검 데이터 등 정합성 데이터의 수집에 따른 신뢰성의 문제가 내재되어 있다. 그러나 데이터 ⇒ 정보 ⇒ 통신 ⇒지식 ⇒ 의사결정 ⇒ 행동 ⇒ 가치창출로 이어지는 프로세스의 관리 데이터나 기술 데이터는 같다.

5.5.4 에너지 저감 목적의 설비관리

인류의 공동 생존을 위한 온실가스(GHG: Green House Gas)의 저감은 새로운 세계 무역 장벽으로 떠오를 만큼 절박한 문제로 대두되고 있다. 제조업이 매출과 영업 이익을 많이 창출하더라도 온실가스를 많이 배출하는 제조업에는 탄소세를 부과해 효율 높은 시스템으로 가도록 세계화 규제가 다가오고 있다.

온실가스의 문제는 근본적으로 에너지의 문제이다. 따라서 에너지의 목표관리 운영지침이 확정되어 발전분야 34개 업체를 포함하여 468개 관리업체는 본격적인 목표관리에 착수하여야 한다. 저탄소 녹색성장 기본법의 온실가스 감축정책의 하나인 에너지 목표관리 제도의 이행에 필요한 사항을 규정한 운영지침이 확정됨에 따라, 온실가스·에너지 목표관리제도 총괄기관인 환경부에서는 관리업체의 지정, 목표설정, 산정·보고·검증(MRV: Measure Report Verification), 검증기관 관리 등에 대한 사항을 국제사회에 통용될 수 있는 체계로 만들고 앞으로 도입될 배출권 거래제는 물론 국제탄소시장에의 참여기반을 마련하는 데 중점을 두고 있다.

목표관리 대상은 이산화탄소, 메탄, 아산화질소, 수소 불화산소, 과불화 탄소, 육불화 황 등, 6대 온실가스 배출량, 에너지 소비량, 에너지 이용 효율 등이다. 온실가스 배출량을 검증하기 위한 검증기관은 검증팀의 전문성 보완을 위해 정보제공 업무를 수행할 정보전문가를 선임할 수 있도록 되어 있다.

제조업의 목표가 생존인데 또 다른 장애물인 온실가스·에너지 문제가 크게 대두되고 있는 것이 전 세계적인 경향이다. 설비관리자 입장에서는 에너지를 많이 사용하고 있는 것이 바로 자기가 관리하는 설비라는 것을 인식할 필요가 있다. Water, Air, Gas, Electric, Steam을 사용하는 일반적 설비이며 이를 쉽게 WAGES설비라고 정리한다. 우리의 제조업 목표는 생존이고, 생존의 방법론이 각 분야에서의 지속적 개선이라면 온실가스·에너지 저감은 현시대가 요구하는 가장 중요하고 시급한 사항이라 할 수 있다. '측정이 없는 개선은 없다.'를 명심해야 한다. 측정하고 개선한 사항이 종이 서류에 남아 제출된다면 인정을 받을 수 있을까? 왜 검증기관이 정보 전문가를 선임하여 검증팀을 구성할까? 이유는 자명하다. 데이터와 정보에 근거한 측정시스템이 구축되지 않으면 앞으로 산정·보고·검증에 있어 많은 문제에 봉착할 수밖에 없다.

M&V(측정과 검증:Measure & Verification) 혹은 MRV는 IPMVP(국제 에너지 성능 측정 및 검증 규약: International Performance Measurement and Verification Protocol)에서 정의되고 있다. M&V 전문가인 조성환 전주대 교수는 MRV에서 가장 중요한 것은 장비, 인력이며 이를 위한 예산이 뒷받침되어야 성공하고 개선할 수 있음을 강조하고 있다. M&V는 ESCO(Energy Saving COmpany) 사업 등에서 주로 사용되고 있으며 정의는 성과 계약에 있어 절감 결정 프로세스이다(M&V is the process of determining savings in a performance contract.)

즉 성능 측정(Measurement of Performance)과 저감 검증(Verification of Savings) 이라는 핵심 단어에 대하여 설비관리 엔지니어들이 주도적 역할을 할 수 있는 분야가 에너지 저감 분야 이다. 공장 설비의 대부분인 WAGES 설비의 측정과 관련하여 측정 센서 혹은 미터를 각 부위에 설치하고 온라인으로 데이터를 수집하던지, 센서가 없을 때 현장 작업자로 하여금 현장에서 스마트폰 혹은 PDA를 이용하여 데이터를 모아 데이터베이스가 만들어지면 개선은 관련자 모두의 의견 개진으로 쉽게 이루어질 수 있으며 경영층과 현장 엔지니어가 같은 데이터를 보고 있어 경영자의 전폭적인 지원과 현장 엔지니어의 참여를 이끌어낼 수 있다.

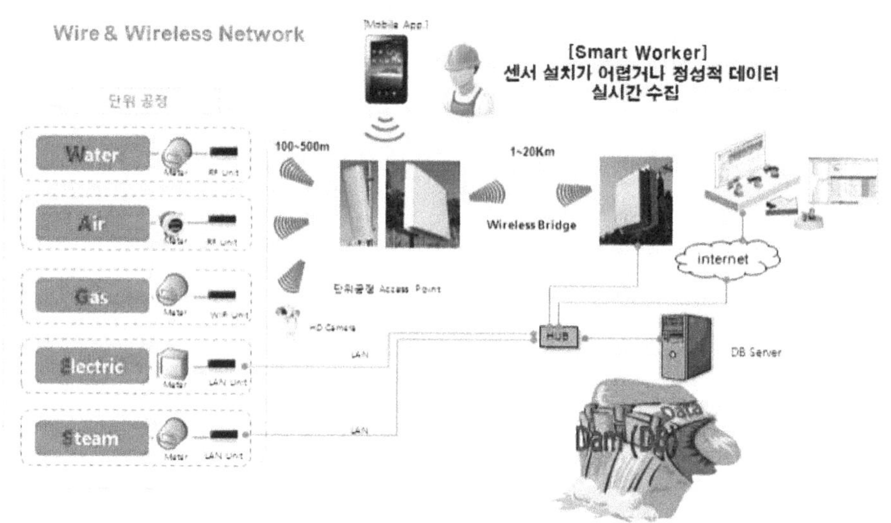

그림 5-25 시스템 구축

우리의 목표는 남에게 보이기 위한 것이 아니라 생존을 위한 지속적 저감이고 이의 수단이 측정이며 측정은 기술과 인력, 예산이 뒷받침되어야 하는 Back to the Data 전략의 기본 중의 기본이기 때문이다.

M&V에 의한 구체적 저감 프로젝트 방안을 정리해 보기로 한다.

1. 수집되는 기준 상태와 데이터를 상세화한다.
2. 데이터의 모든 발생원과 추정을 문서화 한다.
3. 무엇이, 언제 검증될 것인가를 확인한다.
4. 누가 M&V 활동을 할 것인가를 결정한다.
5. 모든 M&V를 일정표 화한다. (On-line 과 Off-line)
6. 실행될 기술 분석을 상세화한다.
7. 에너지 저감의 계산 방법을 구체화한다.
8. 설비효율이 비용절감 산정에 사용될 방법을 정의한다.
9. 요구되는 운전과 정비(O&M) 비용 절감을 상세화 한다.
10. 운전과 정비의 책임 부분을 정의한다.
11. 모든 M&V 보고서의 양식과 내용을 정의한다.(설치 후 및 주기적인 M&V)
12. 기준점 및 그것으로 인한 저감 부분이 어떻게 그리고 왜 조정되었는가를 명확히 한다.

이 모든 것에서 보듯이 측정을 통한 정합성 데이터가 없으면 저감에 대한 검증이나 보고서등에 투입되는 인력과 예산 모두가 물거품이 될 수 있으며 지속적 개선은 요원하고 그로 인한 가치 창출은 불가능하며 탄소세 부과 등 새로운 무역 장벽에 의한 장애로 인해 자본 집약적 설비를 지닌 제조업의 앞으로 전망은 불투명하다.

5.5.5 가치 창출 솔루션

가치에 대해서는 리스크저감, 품질개선, 비용절감 등 여러 분야가 있으나 최근 울산테크노파크에서 개최된 에너지저감 세미나에서 발표된 내용을 중심으로 '측정 없이 개선 없다.' 혹은 '진단과 처방' 측면에서 실증적으로 국내외에 적용 중인 솔루션을 소개한다. 솔루션은 협의 개념인 소프트웨어를 넘어 현장 문제점을 통합적으로 해결하는 광의 솔루션 개념으로 사람의 변화관리 측면의 교육, 훈련, 컨설팅, 코칭 솔루션을 포함한다.

데이터-정보-통신-지식-의사결정-액션-가치창출 측면으로 분리하여 설명한다. 가치 창출은 액션이 99%이며 데이터에서 의사결정까지가 1%이다.

1) MAINTelligence

캐나다 DMSI사에서 1986년부터 개발한 통합진단 소프트웨어로 회전설비의 간이진단과 정밀진단을 연계하여 적용되고 있다. 전 세계에서 사용되는 정밀 진단 장비의 대부분과 인터페이스 되는 장점을 가지고 있으며, SAP/Oracle 등 ERP

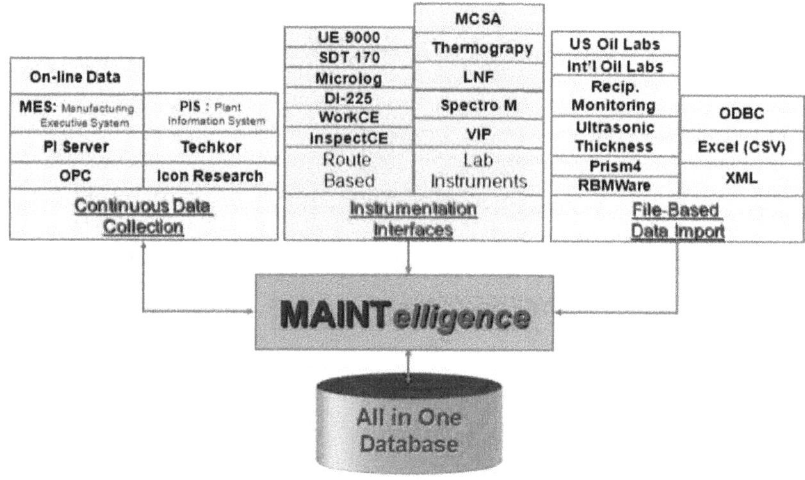

그림 5-26 Integrated Data Sources

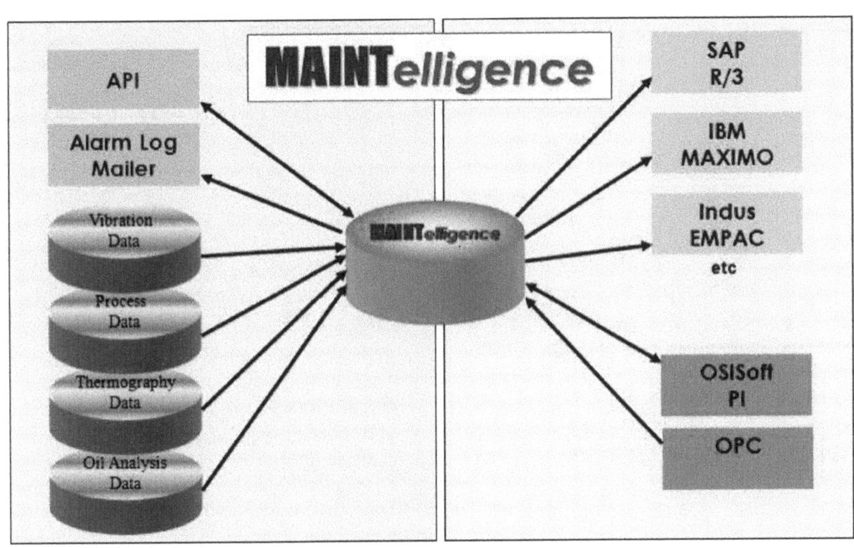

그림 5-27 Interface

와 PI등 운전변수를 진단하는 툴과 통합하여 사용 가능하다. 고장의 80~95%를 줄일 수 있는 현장 점검을 중시하는 Operator Care를 특화하는 점검(간이진단)과 정밀진단을 통합한 툴로서 계획정비시스템 구축에 전 세계적으로 제지, 제철, 발전, 군사, 석유화학산업에 널리 사용되고 있으며 국내에서는 포스코, 엘지화학, 볼보, 한국수력원자력 등에서 운용되고 있다.

2) CoreCode

한국 나무아이앤씨에서 개발한 CoreCode는 다양한 설비, 센서, 계측기 등 표준화되지 않은 장비로부터 발생하는 수많은 신호를 취득, 표준화하여 기존 IT 시스템과 실시간 연계하는 통합 인터페이스 플랫폼이다. 기존의 방법은 대상 장비와 IT 시스템과 1:1 연계 프로그램을 개발하여야 하므로 개발자 말고는 프로그램을 이해하기 어렵고 장비를 변경하거나, 새로운 IT 애플리케이션 개발 시 마다 새롭게 개발하여야 하는 번거로움이 통상 한 달 이상의 기간이 소요되어 제조현장 업무에 막대한 지장을 초래하고 있다.

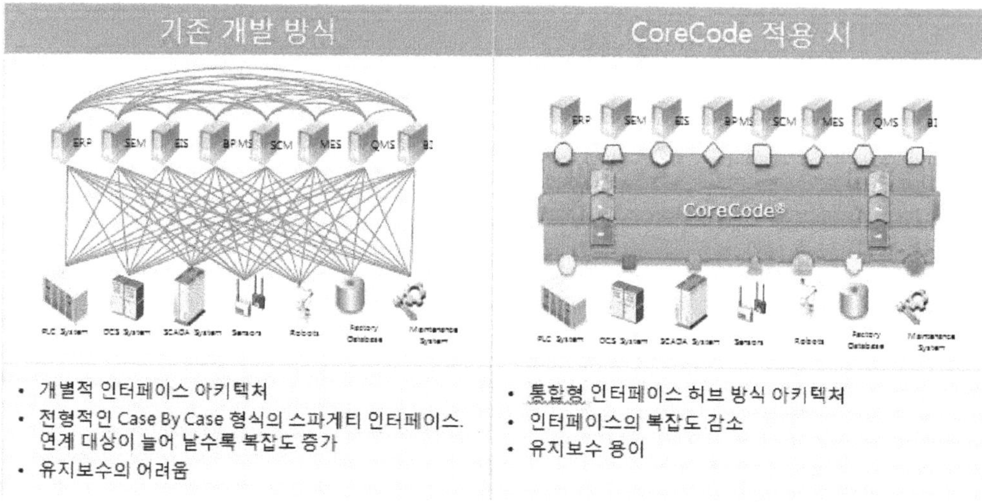

그림 5-28 기존방식과 개선 비교

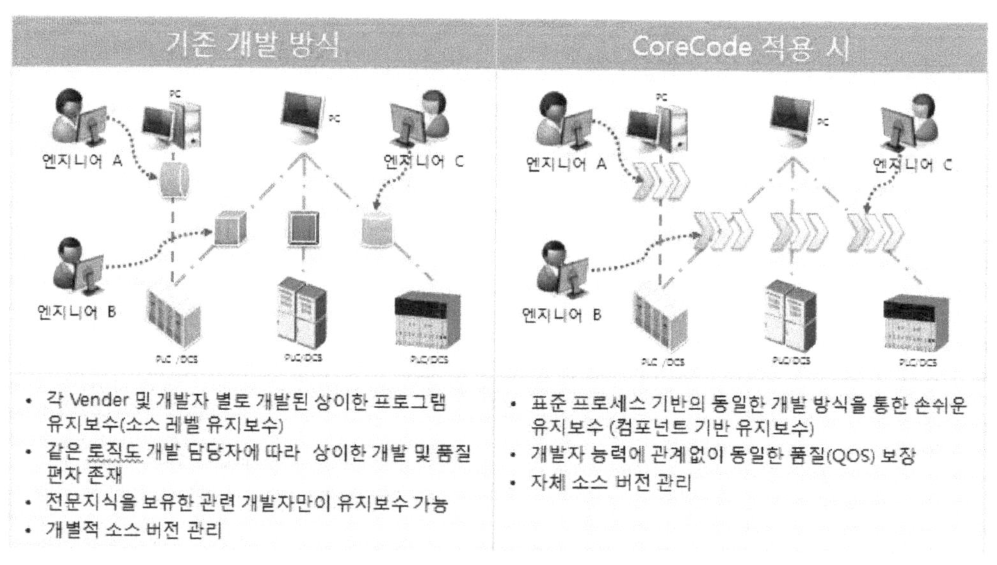

그림 5-29 기존방식과 개선 비교

레고 블록 방식의 Framework을 제공하여 기존 코딩방식에 비해 10배 이상의 개발 생산성과 유지보수 편의성을 제공하며 현장 실무자가 직접 손쉽게 변경 사항을 적용할 수 있으므로 변경사항에 대한 발 빠른 대응이 가능하다. 도입 시 기존 생산 관련 데이터 이외에도 품질과 안전에 영향을 주는 다양한 데이터를 손쉽게 취득할 수 있으므로 제조현장 최적화를 위한 근본 원인을 도출 개선함으로써 최적화된 시스템 구축을 가능하게 한다. 실시간 장비 운영상황을 감시할 수 있으므로 돌발 상황에 대해 즉시 대처할 수 있으며 축적된 운영 데이터 분석을 통해 최적화를 위한 개선방안을 도출할 수 있다. 현재 포스코, 삼성코닝, 농심, 하이닉스 등에 안정적으로 공급되고 있다.

3) SCAFA

한국디지탈콘트롤(KDC)사에서 개발된 SCAFA는 ESA(Electrical Signature Analysis) 기술에 의해 운전 조업상 감시 제어뿐만 아니라 설비 및 효율 진단을 할 수 있는 통합 진단 시스템으로 최소 전기 에너지 사용, 설비 수명 연장, 생산 기회 손실 최소화가 가능하여 단시간 내에 ROI를 달성할 수 있다.

전력계통, 전력기기, 부하기계 및 설비의 운전 데이터 및 상태 데이터를 상호 원인과 결과의 관계에 투명하게 객관화하여 전력품질, 계통감시제어, 운전효율, 모터상태진단, 부하기계진단을 타코미터나 토크미터 등의 별도 센서 없이 기존의 CT, PT만의 신호로 속도와 토크 계측을 통해 설비 이상 등의 판정 자동 모델링이 가능하다.

전체적인 계획정비가 가능하고 돌발 시 복구 시간을 최소로 단축하여 설비 활용도를 극대화할 수 있으며 현재 삼성BP화학, KP케미칼, 수자원공사, BOC 가스, 포스코, 삼성토탈, 한전, 호남석유 등에 공급되어 있다.

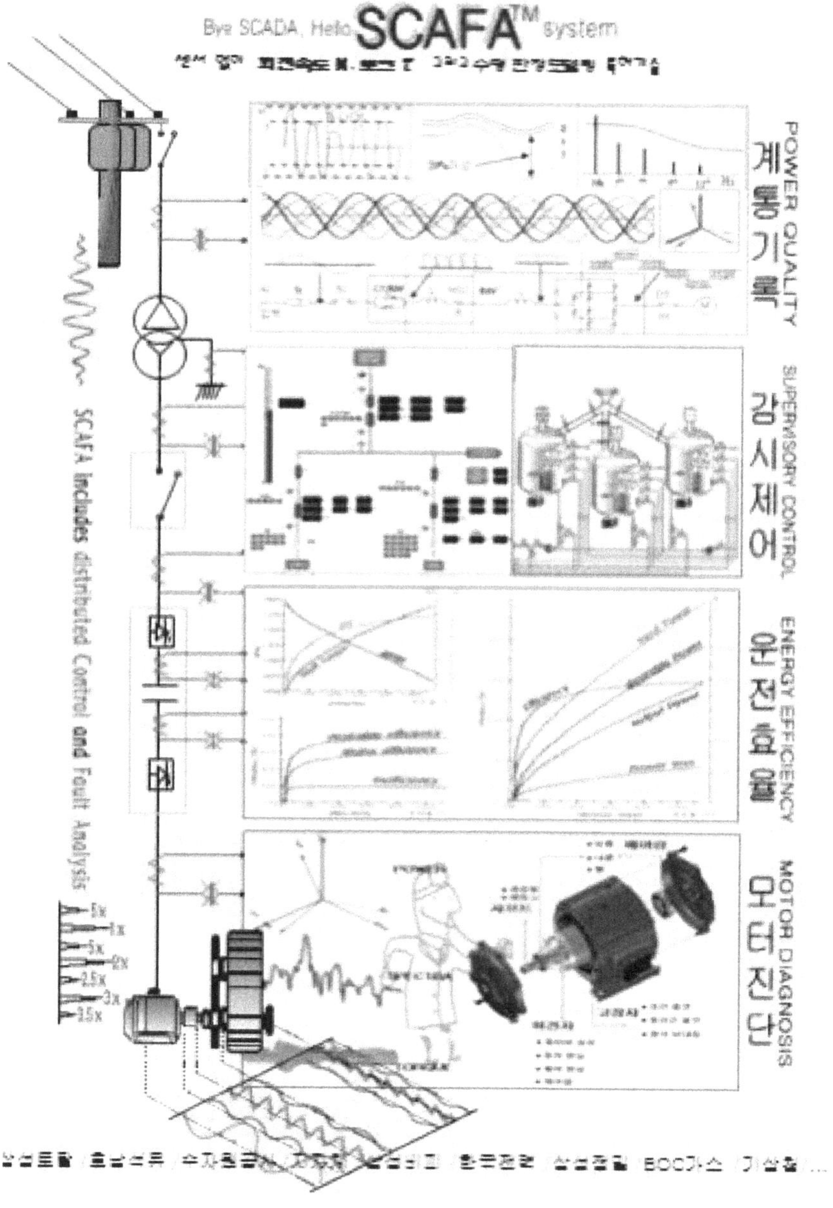

그림 5-30 SCAFA 기술

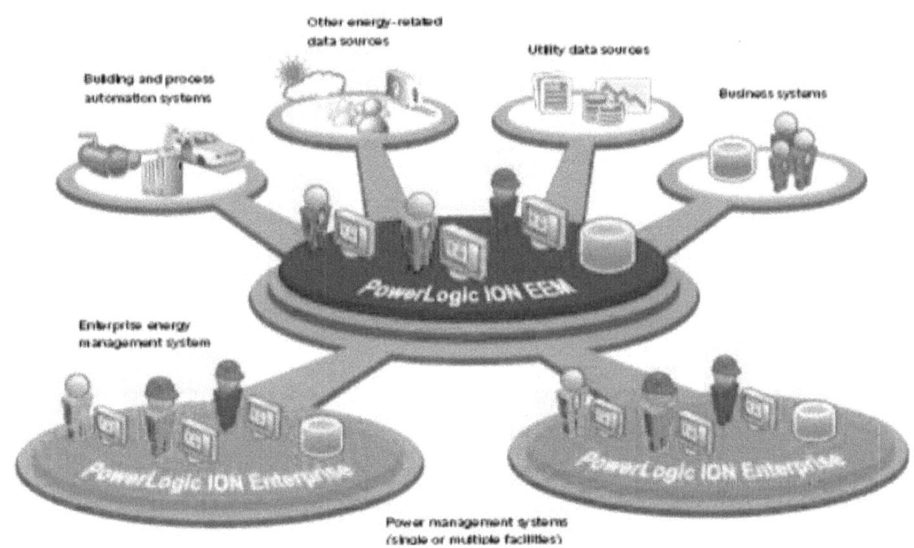

그림 5-31 Convergence of date

4) ION EEM

세계적인 배전메이커인 프랑스 슈나이더 일렉트릭사에서 개발한 Enterprise 레벨의 Multi-Site를 대상으로 한 에너지관리정보시스템(EMIS)으로 에너지 소스(WAGES-Water, Air, Gas, Electricity, Steam) 에너지를 사용하는 부하 및 에너지 소비에 관련된 여러 동인(생산량, 날씨, 작업 스케쥴, 자산 면적 등)을 함께 분석하여 절감 가능한 부분이 어디에 있는지 파악할 수 있도록 정보를 제공하는 시스템이다. 장기간에 걸쳐 전략적이고도 체계적인 에너지 및 온실가스 관리가 가능하도록 해주어 기업의 지속성장을 위한 툴로서 각광을 받고 있다.

현재 삼성에버랜드에 성공적으로 설치되어 운용되고 있으며, 에너지/온실가스 목표관리제, 배출권 거래제, 에너지경영시스템(ISO 50001)인증, Smart Grid의 핵심 기능인 수요반응(Demand Response)을 위한 경영 인프라 측면에서 많은 관심을 받고 있다.

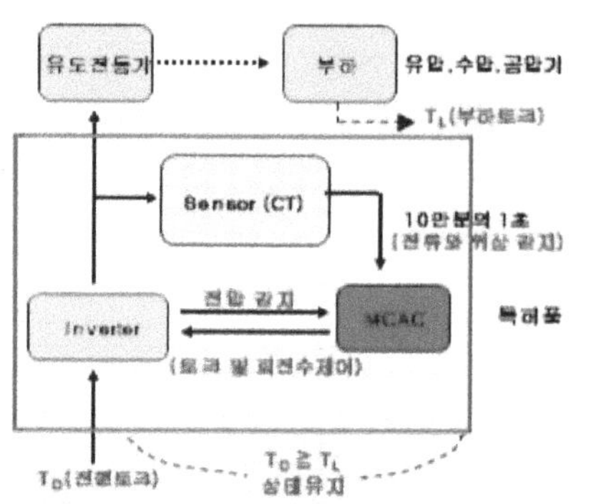

사출기 등 유압전동기 또는 Pump등의 주전류를 10만분의 1초마다 검출분석하기 위한 C.T(변류기)와 연산증폭 및 분석 후 인버터를 제어하기 위한 MCAC(주 전류회귀장치 : **M**ain **C**urrent **A**nalysis **C**ircuit), 고조파와 Noise를 제거하기 위한 Reactor와 Filter, 인버터 그리고 인버터와 제어회로가 잘 못 되었을 때 동작하는 Bypass 기능으로 구성되어 인버터의 출력주파수를 부하의 적정 Torque에 맞추어 자동으로 제어함으로써 전기에너지를 절약하는 장치임.

* 적용가능 유도전동기 주전원
  AC3상 220V 380V 440V, 3300V 6600V 등

효과

① Soft start system에 의한 Peak 전력 (기본요금 해당) 감소
② 부하효율 개선(부하역률 95% 이상 유지)
③ 선로손실 감소 : 약 3%
④ 주 변압기 손실 감소 : 약 2.5%
⑤ 유효전력 15~30% 이상 절감
⑥ 전기설비 보유능력 증가 30%이상

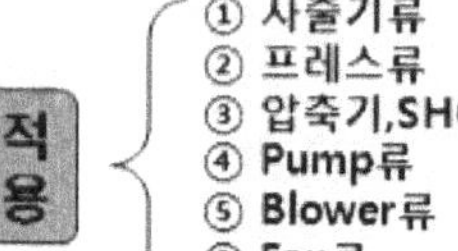

그림 5-32 ARTSAVER 특징 및 동작원리

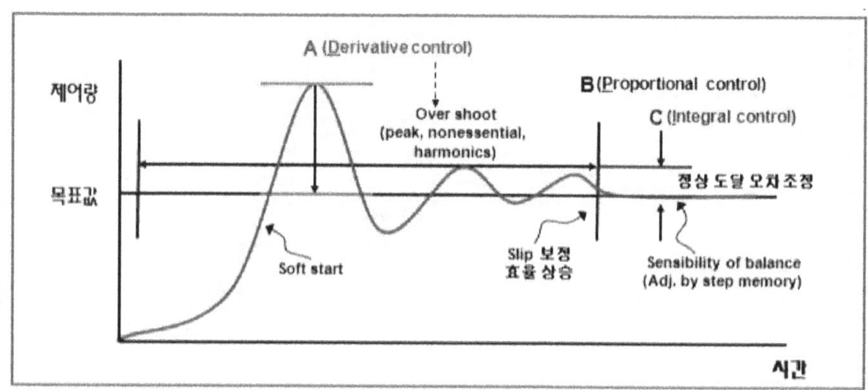

MCAC Control

* 사출기 : 7단계 공정마다 A, B, C 제어를 통한 전기에너지 절감
* 프레스/압축기 : 4단계 공정마다 A, B, C 제어를 통한 전기 에너지 절감
* 펌프 류 : Suction ↔ Discharge 단계의 A, B, C 제어를 통한 전기에너지 절감 및 별도 Analog Signal 병행
* Blower/Fan 류 : Dust or 풍압 Signal 병행 및 "B", "C" Limit 제어를 통한 전기에너지 절감
* 콤프레샤 : Loading 시의 "A","B" 제어 및 Unloading 시의 B,"C" 제어를 통한 전기에너지 절감

그림 5-33 적용기기별 동작개념 및 예상 절전률

5) Art Saver

한국 A.R.T. Korea에서 개발한 모터 전기에너지 절감 툴로서 동력 분야의 20~40% 이상의 절전 기술은 유도전동기 분야의 전기 에너지 절감에 획기적인 기술이다.

사출기 등 모터에 의한 Hydraulic System, Pneumatic System, Wind Press System, Water Press System 등에 적용되는 부하의 전압과 전류, 역률 등을 검출(10만분의 1초)하여 부하에 필요한 Torque(TL)를 산정한 뒤 전원 측 보유 Torque(To)를 부하 토크에 적응시키는 특징을 가지고 있으며 (To≧TL) 현재 현대제철, 하이스코 애경유화, CJ제일제당, 대한특수강에 적용되고 있다.

6) AVEVA NET

영국 AVEVA사에서 개발된 AVEVA NET은 엔지니어링 정보 및 통합 자산관리를 위한 프레임웍이다. 대부분의 EPC 또는 Owner & Operator(OO)가 바라는 기능을 충족하고 있으며, Microsoft 제품을 그 핵심으로 사용하는 매우 유연한 시스템으로 설계되어 있다.

2D와 3D, 4D(공정) 정보를 중심으로 엔지니어링 정보 포탈을 구성하여

- 응용프로그램에 대한 전사적인 통합
- 부서 및 협력업체간의 협업 체제 구축 및 개선
- Project 데이터의 용이한 책임 이양(단계적 이양 가능)
- Project 상황의 판단 및 올바른 결정에 대한 지원
- 공급자 및 업체 간의 연결
- 전사 자산 관리 또는 설비관리 통합
- 운전 및 정비 정보의 통합 관리 등의 시스템화에 필요한 프레임웍이다.

AVEVA NET기반의 설계/운전/정비 통합 정보관리 시스템으로 조직과 비즈니스 파트너의 데이터 및 응용 프로그램을 통합하여 협업하는 기능을 통해, 기업

들은 정보의 품질 향상, 수입 증대 및 운영비용 감소를 실현할 수 있다. 기업은 응용 프로그램 통합이 가져다주는 투자 수익(ROI)을 실현할 수 있도록 자신의 데이터, 응용 프로그램, 비즈니스 파트너를 예측 가능한 자동화된 방법으로 통합할 수 있어야 하며 전사적인 다양한 시스템들의 통합에 필요한 유연한 근거를 제공한다.

Plant Lifecycle Management(PLM)의 Framework으로 세계적으로 플랜트 및 조선 사업에 주로 적용되고 있으며 한화케미칼에는 운전과 정비에 관련하여 국내 최초로 적용되었다.

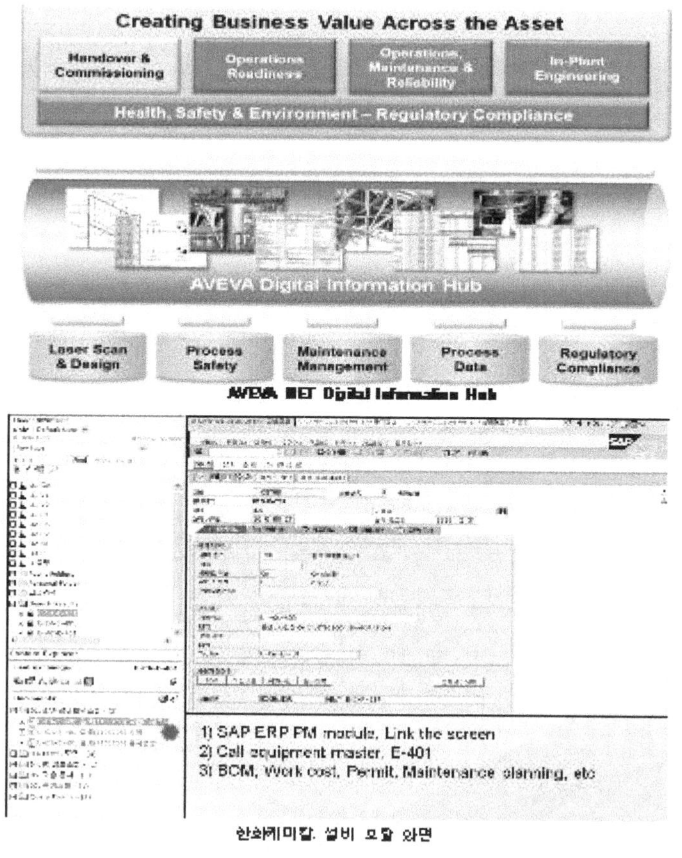

그림 5-34 설비화면 예시

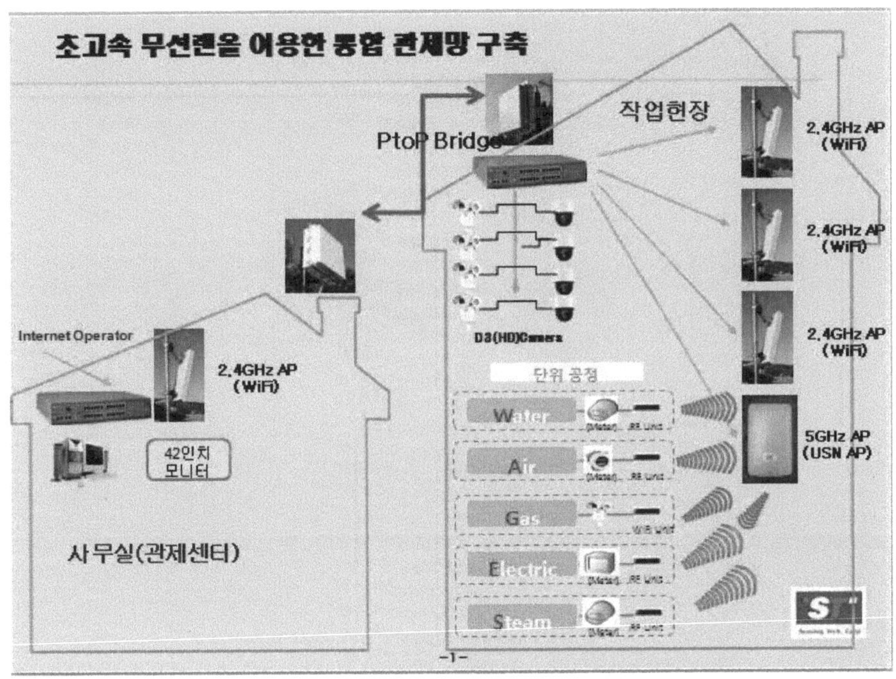

5-35 Sawwave

7) Sawwave

한국 쏘우웨이브사에게 개발한 장거리 네트워크 무선랜 기술로서 현장에서 측정된 고해상도 카메라 등의 대용량 데이터의 고속(450~600Mbps) 송수신과 동일주파수 대역의 타 통신기기와 간섭 현상을 최소화하는 강점이 있다. 무선 자가망 구축과 통합 관제 시스템 구축에 쉬우며 현재 LS전선을 통해 이라크, 태국, 카자흐스탄, 컬럼비아 등 해외에 성공적으로 공급되고 있으며 SK텔레콤을 통해 국내에 성공적으로 구축되고 있다.

8) Open Knowledge Viewer

일본 Open Knowledge사에서 개발한 가시화 소프트웨어로 모든 프로세스 데

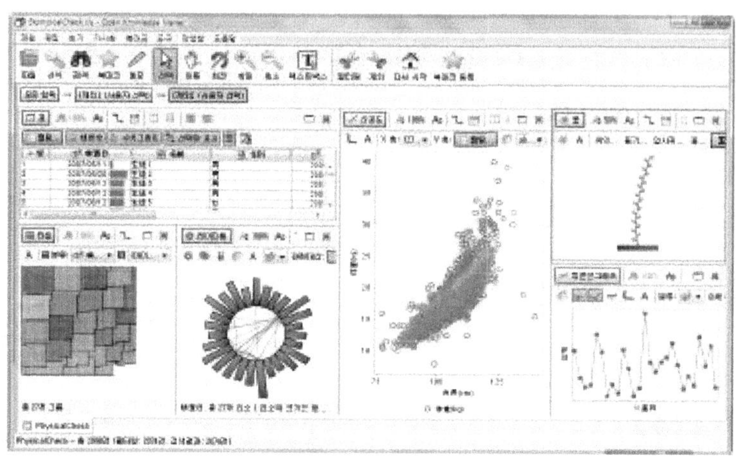

그림 5-36 동일 데이터를 여러 가지 형태로 가시화한 예

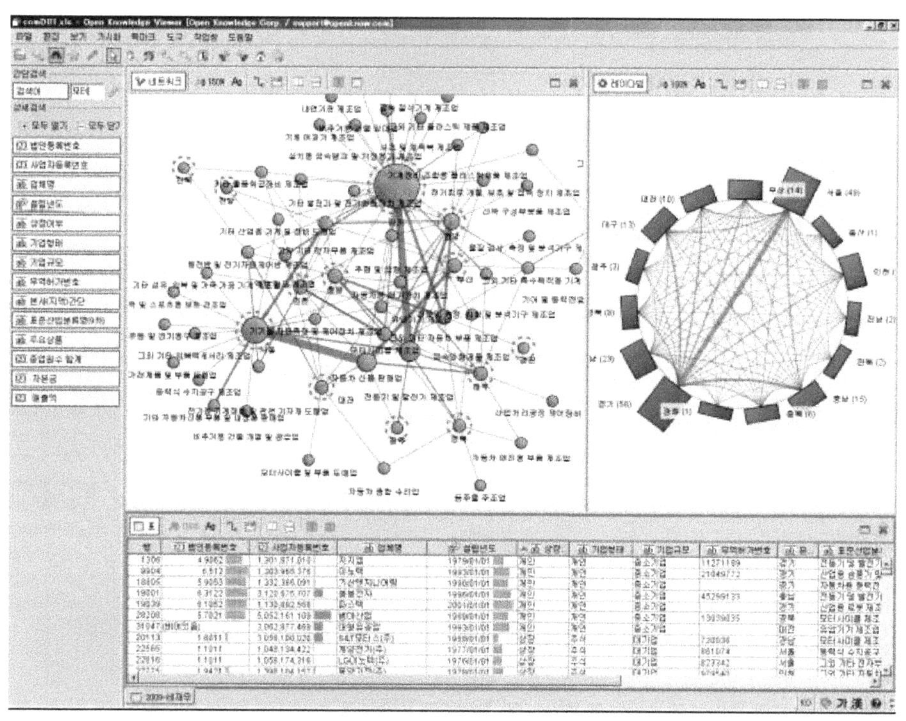

그림 5-37 가시화 사례 예시

이터베이스에서 특정 목적과 관점에 따라 데이터를 느끼고 스토리를 만들어 의사결정에 기여할 수 있는 장점이 있으며 일본 히타치 제작소에서 원자력 발전소 도면 관리 등에 사용되며 한국에서는 여러 기관에서 기업 데이터 분석용으로 사용하고 있다. 관련 표는 기업 데이터를 가시화하여 모터 상품을 검색한 바 주로 서울과 경기에 기업이 집중된 것을 알 수 있음을 보여주고 있다.

◆◆ 오픈놀리지 뷰어와 데이터를 보석으로 활용하기 위한 3요소

데이터는 모든 업무의 출발점이고 과정이고 종착점이다. 우리 주변에는 많은 양의 데이터가 있지만 이들 데이터의 본질을 올바르게 이해하고 업무에 효과적으로 사용하고 있는지 의문을 느낄 때가 많다. 살아 있는 데이터를 보석으로 업무에 활용하기 위해서는 데이터를 그림으로 표현하는 것이 효과적이다. 그림을 보면 데이터가 말하고 있는 내용이 들리기 때문이다. 데이터를 유효하게 활용하기 위해서는 3개의 요소 즉, 시간, 조감, 관련에 대해서 그 특징을 이해하지 않으면 안 된다.

시간: 데이터의 시간 변화를 이해한다.

일상생활에서 이용하는 데이터는 대부분 시간과 함께 변화한다. 시간 경과에 따른 변화의 특징을 이해하려면, 데이터가 변화하는 모양을 사람이 이해할 수 있도록 그림으로 바꾸어 표현하면 좋다. 시간 경과에 따라 변화하는 데이터는 주식시장의 주가, 웹 사이트의 접속건수, 생산현장의 불량률, 매출액, 은행금리, 특허출원건수 등 매우 많다. 아래 그림은 특허 수천 건을 분석한 결과다. 꽃이 성장 퇴화하는 모양에 비유하여 특허건수가 시간 경과에 따라 변화하는 특징을 보여준다.

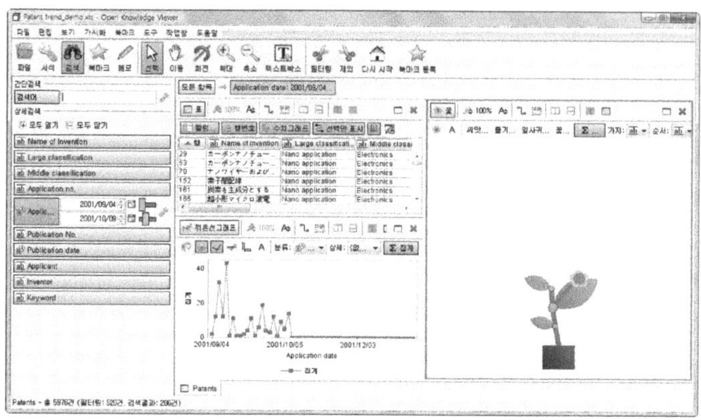

그림 5-38 가시화 예시

조감: 데이터의 전체상을 조감한다.

데이터를 조감하면 전체 구조를 쉽게 이해할 수 있다. 조감해야만 하는 데이터로는 인터넷 검색결과, 뉴스의 발신건수, ERP나 CRM 등이 있다. 예를 들어 검색결과를 한 건씩 다 확인하는 것은 현실적으로 어렵다. 검색결과를 가시화해서 전체적인 풍경을 조감하면 검색 결과 전체를 효과적으로 활용할 수 있다. 아래 그림은 flu 를 키워드로 사용해서 관련뉴스를 검색한 결과이다. 왼쪽 그림은 검색결과를 조감한 그림이며 오른쪽은 결과 리스트다.

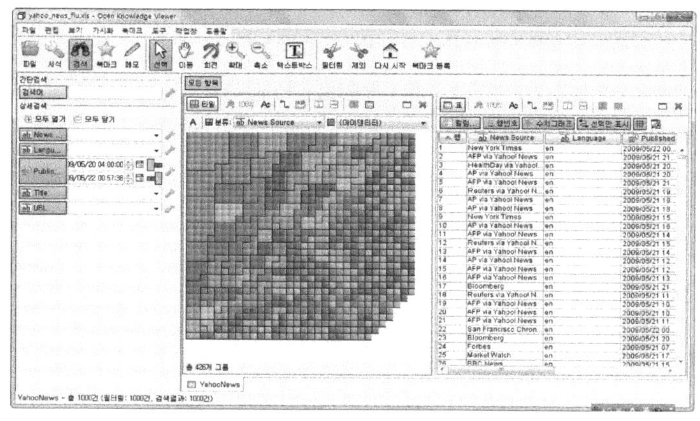

그림 5-39 가시화 예시

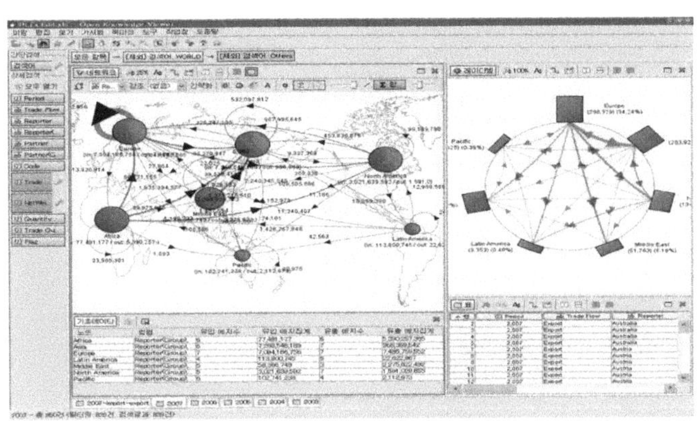

그림 5-40 가시화 예시

관련: 데이터간의 관련을 이해한다.

이 데이터와 저 데이터는 무슨 관계가 있을까라는 관점에서 데이터를 보면 새로운 발견을 할 수 있다. 데이터간의 관련을 이해하면 전체적인 구조를 이해하고 현실적인 해결방법을 찾기 쉽다. 예를 들어 제조업의 도면관리, 국제무역 현황, 통화이력, 문헌인용 현황, 소셜 네트워크 분석 등이 있다. 특정 자원의 주요 생산국과 주요 수입국간에는 어떤 특징이 있을까? 지도 위에 데이터를 가시화하면 국가간의 관계가 쉽게 파악된다.

※참고서적: "상대를 합리적으로 설득하는 막강데이터력" 윤태성 저, 매일경제신문사

9) SmartCubic

한국 Simboliz사에서 개발한 소프트웨어로 트위터(수직소통)+페이스북(수평소통)+구글(검색)의 기능을 융합하여 자기에게 필요한 정보를 쉽게 검색해 낼 수 있는 툴이다. 스마트큐빅은 여러 종류의 사이트를 스마트큐빅에 심볼(아이콘)형태로 동기적 공유 및 Social 확장시켜, 해당 정보의 연계를 기반으로 사용자만의 소셜 네트워크 공간을 형성 할 수 있는 멀티 다차원 웹 기술을 구현하여 앞으로 설비관리 엔지니어들이 자기의 경험과 지식을 공유하고 고부가가치를 창출할 수 있는 커뮤니티로 활용할 수 있다.

그림 5-41 스마트큐빅 기능

인터넷의 모든 정보가 개인화 사이트에 심볼 형태로

스마트큐빅은 복잡한 정보를 하나의 심볼(아이콘)로 구현해 형성된 수평 구조의 개별 데이터베이스를 바탕으로 관계형 정보체계를 구성, 사용자에게 최적의 정보만을 제공한다. 이렇게 독립적으로 생산된 신 개념 정보단의(심볼)는 다른 목적의 심볼과 또 다른 정보단위로 구성될 수 있다.

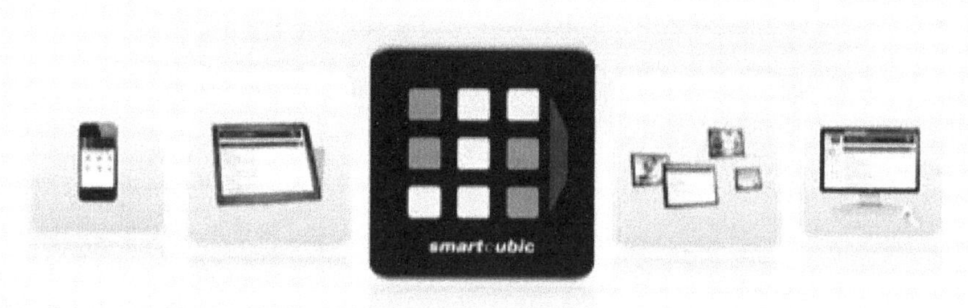

스마트큐빅은 다변화된 Social 환경 속에서 사용자에게 가장 효율적인 수단으로

정보를 전달할 수 있도록 최적화 된 관계형 웹 사이트입니다.

그림 5-42 What-Where is *smartcubic*

서로 다른 종류의 웹사이트를 100% 동기화

업종, 형태, 종류에 관계없이 기존의 사이트를 스마트큐빅으로 모두 동기화시켜 사용자만의 지식 포털 공간으로 형성할 수 있다. 동기화된 사이트에 업데이트 된 정보들은 실시간으로 사용자의 스마트큐빅으로 연동되며, 사용자는 별도의 애플리케이션 없이 기존의 사이트를 소셜 네트워크화시킬 수 있다.

웹사이트를 복제한다? 진정한 의미의 웹 스토어

스마트큐빅은 다른 스마트큐빅에 접속하여 사이트전체, 카테고리, 콘텐츠 단위로 데이터를 가져와 관리할 수 있으며, 이는 또 다른 스마트큐빅에 의해 동기화 되어 전파된다. 이렇게 서로 연결된 스마트큐빅을 바탕으로 소셜 커머스(Social Commerce) 시장이 자동으로 형성돼, 콘텐츠 생산자는 자신의 스마트큐빅을 이용해 비용 없이도 효과적인 마케팅을 할 수 있다.

관계형 네트워크의 중심, 스마트큐빅

스마트큐빅은 모든 기업 또는 개인사용자를 독립적인 수평관계로 데이터베이스화 한다. 서로 연결된 스마트큐빅은 실시간으로 정보를 공유해 동시다발적인 관계를 형성하며, 기존의 일방향 수직관계의 네트워크 시스템과는 달리 업무처리 및 기타 목적의 네트워크 환경을 사용자의 편의에 맞게 구성할 수 있다.

스마트큐빅, 미래 검색엔진의 표준을 제시

검색명에 따라 단순 도메인별로 나열한 기존의 국내·외 검색엔진과 모든 사회적 구조관계 스토리까지 모아 나에게 맞는, 나만 알고 싶은 정확한 정보만 검색해주는 스마트큐빅의 검색 엔진은 더욱 정확한 데이터베이스를 바탕으로 미래 검색엔진의 표준을 미리 경험해 보는 것도 좋겠다.

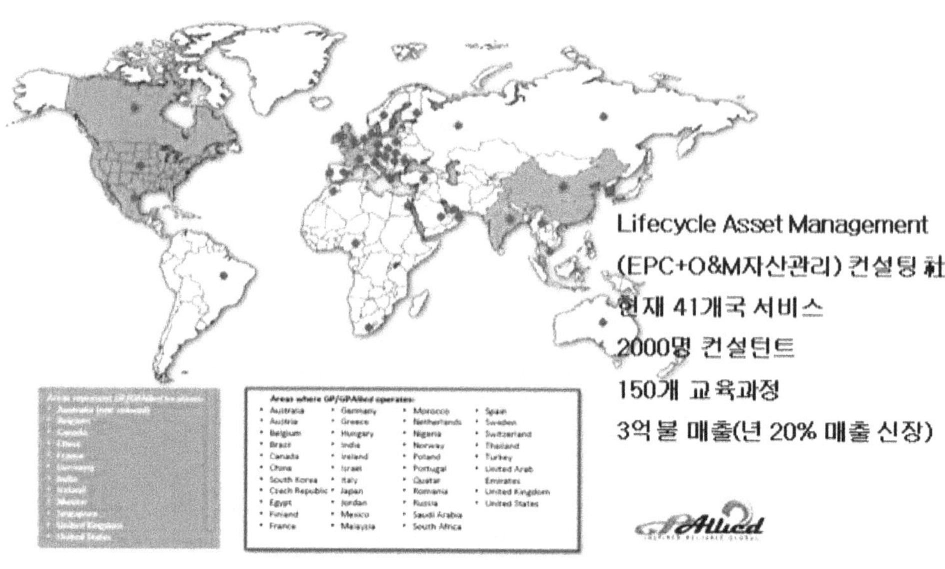

그림 5-43 GPAllied 소개

10) GPAllied

전 세계 41개국에서 2,000명의 컨설턴트가 Lifecycle Asset Management 입장에서 EPC+O&M을 하고 있는 설비관리 전문 컨설팅사로서 매년 20% 이상의 매출 신장률은 전 세계 설비관리의 수요가 급증하고 있다는 증거이다.

150개의 교육 과정을 통해 세계적 기업의 설비관리 표준화에 많은 실적을 가지고 있다. R5 Process, FRACAS(Failure Reporting, Analysis, and Corrective Action System) 등의 독창적이고 효과가 높은 개선 방법론을 보유하고 있다.

5.6 의사결정

5.6.1 Work Oder와 의사 결정

세계적인 설비관리 전문가인 Terry Wireman은 설비와 관련한 모든 것은 작업지시(Work Order)를 중심으로 상호관계를 가진다고 역설하였다. 자기가 속한 부서의 목적과 이해관계에 따라 작업지시를 보는 관점이 다르다. 전산부서는 작업지시서가 오류 없이 제대로 빨리 발행되도록 하는 것이 목적이라면 회계부서는 작업지시와 관련한 자금을 쓰지 않도록 될 수 있는 대로 통제하려 하고 정비부서는 고장 난 설비를 빨리 원상태로 고치기 위해 백방으로 분주하게 움직이는 것이다.

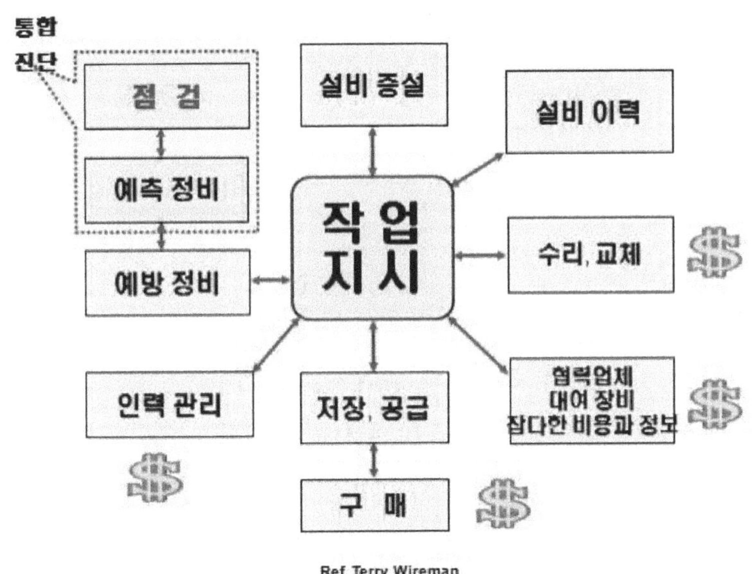

그림 5-44 작업지시 중심 상관관계

대부분 최고경영자는 "근본적으로 작업 지시를 줄일 수 없는가?"라는 의문에 대해 각 부서는 관리자는 큰 그림을 보지 못할 경우 부서 이기주의에 근거하여 자기 중심적 사고로서만 한결같이 주장할 수밖에 없고 경영자는 복잡한 설비에의 기술적 고장 혹은 무병장수 문제에 대한 근본적인 대안을 마련하지 못해 임시방편으로 우선 고치는 일을 바라볼 수밖에 없는 것이 현재의 실정이다.

소방관의 역할은 질문하면 대부분 사람들이 불 끄는 것이라 대답하지만 실제 소방관의 역할은 불나지 않게 하는 것이다. 선진국에서는 소방관이 자기 업무의 2%가 넘게 불 끄는 일에 투입된다면 이는 잘못된 업무 프로세스라고 규정지어 다시금 프로세스를 정하게 만드는 것이 업무 표준화이다.

5.6.2 눈으로 보는 관리(Visual Management)

기존 눈으로 보는 관리는 부서별 벽에 각종 지표를 각종 색깔로 표시하여 눈에 띄도록 하여 관련자로 하여금 움직이게 하는 기법으로 전개되어 왔다. 이러한 방법은

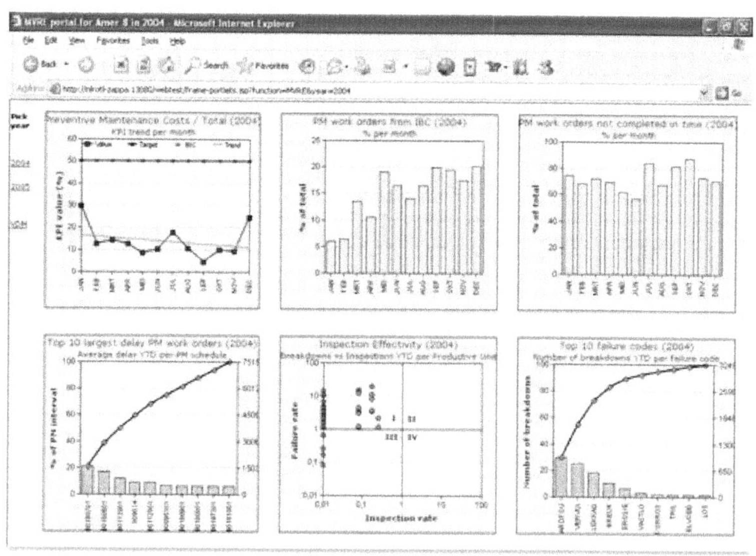

그림 5-45 눈으로 보는 관리' 예시

초기에는 조직이 목적하는 바로 움직이게 하는 듯 그렇지만 어느 정도 지나면 타성에 젖어 예전 그대로의 모습으로 안주하는 경향이 있었다. 더군다나 그 현황판을 유지하기 위하여 많은 시간과 노력을 하다 보니 설비의 무병장수라는 본연의 목적보다는 남에게 보이기 위한 '관리를 위한 관리'로 행해지는 단점이 있었다.

내가 관리하는 설비가 문제가 있어 경고가 SMS 혹은 핸드폰으로 담당자, 관리자, 책임자에게 동시에 혹은 차례대로 알려지고 문제를 해결키 위해 자기 PC에서 자기 설비와 관련된 정보를 한눈에 볼 수 있는 것이 진정한 Visual Management이다. 이러한 눈으로 보는 관리의 실례를 보기로 하자.

◆◆ S전기 국내외 사업장 예시

이는 국내외 사업장의 위치 정보와 자기설비를 보면서 전체 글로벌 사업장 종합, 일반 현황, 경보이력, 도면 모니터링, 통계, 시설물관리, 위기대응조치에 대한 사항이 한 눈으로 볼 수 있게 구성되었다.

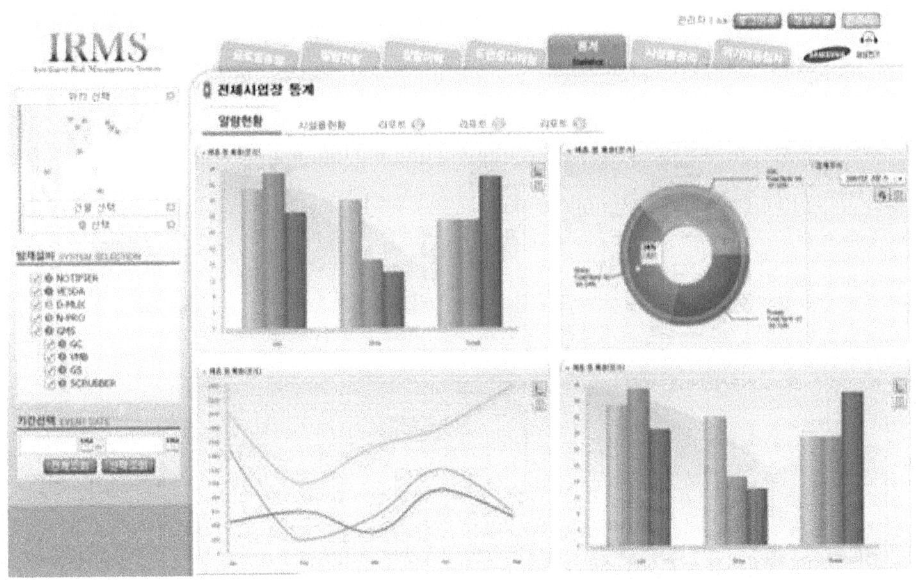

그림 5-46 Visual Management 예시

◆◆ VDM(Value Driven Management)Panel 예시

네덜란드 Mainnovation사에서 개발한 VDM 툴은 설비의 활용과 비용, 두 개의 큰 지표를 중심으로 안전 건강 환경 관리(Safety Health & Environment Management) 신뢰성(Reliability Engineering), 기획과 준비(Planning & Preparation), 정비실행(Maintenance Execution), MRO공급사슬관리(Maintenance Repair & Operation Supply Chain Management), 기능 및 도구관리(Skill & Tool Management), 서비스 공급사슬관리(Service Supply Chain Management), 설비지식관리(Equipment Knowledge Management)로 소구분하여 각각의 상태를 자동차의 연료 충전상태 표시 계기처럼 일목요연하게 보여줌으로써 설비 상태와 재무상태가 한눈에 볼 수 있도록 하여 경영자나 관리자, 엔지니어가 서로 원활한 소통을 하도록 고안되었다.

특히 각 표시계를 클릭할 경우 기간별, 원인별, 성과별 각종 지표가 KPI 형태로 나타나 자기 설비로 인한 각종 성과가 일목요연하게 표시되고 이것이 글로

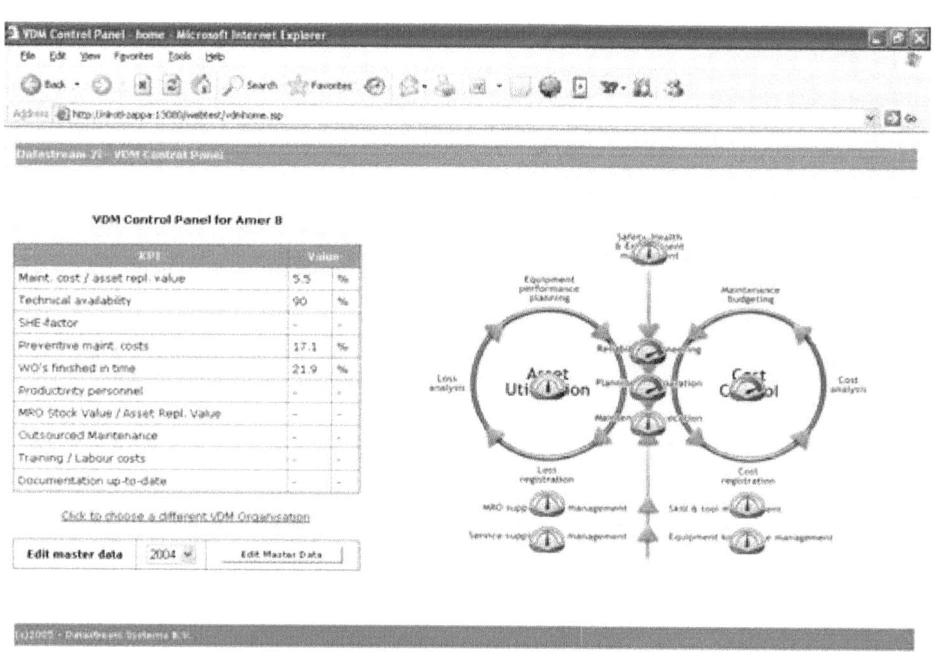

그림 5-47 VDM Panel 예시

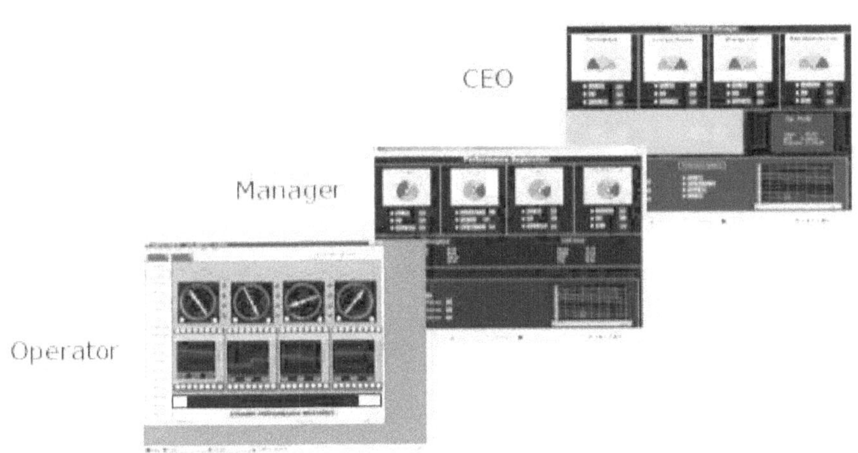

그림 5-48 Dashboard for CEO/Manager/Operator

벌 사업장간 비교를 통해 자기 설비로 인한 무병장수가 성과와 연결지어 지도록 하여 스스로 동기부여토록 눈으로 보는 관리 방법을 채택하고 있다.

Dashboard for CEO/Manager/Operator

그림 5-48은 최고경영자, 관리자, 현장 엔지니어 각자의 관리 범위와 상관관계를 다르게 구성하여 의사결정 책임에 따른 눈에 보이는 관리를 나타내고 있다.

J 페이퍼의 설비진단 화면

제지업계에서 도입한 설비 상태에 대한 화면은 각각의 설비 상태에 대해 단위 부품별 상태가 현장 점검자에 의한 간이진단, 진단 장비에 의한 정밀진단에서 주의(Caution)와 위험(Critical)의 개수를 각각 표시하는 기법으로 큰 고장으로 가지 않고 작은 고장에서 더 이상 진전치 않도록 하는, 즉 '가래로 막을 것을 호미로 막는다.' 라는 속담이 적용된다. 가래로 막는다는 것은 바로 수익에 영향을 미치는 것으로 가래로 막는 것은 Cost Center화, 호미로 막는 것은 Profit Center화 되어 진다는 것을 의미한다. (그림 5-49 참조)

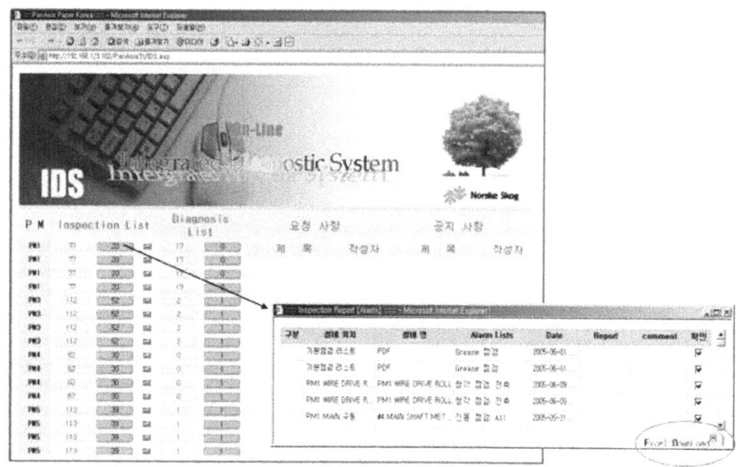

그림 5-49 J 페이퍼의 설비진단 화면

◆◆ S토탈의 대시보드 화면

공장 전체 설비 상태가 수준(정상, 주의, 위험)별 숫자가 한눈에 표시하고 포인트별 세부사항이 표시되도록 되어 주변 동료 혹은 경험자가 의견을 제시토록 하는 소통의 계기를 만든 Visual Management이다.

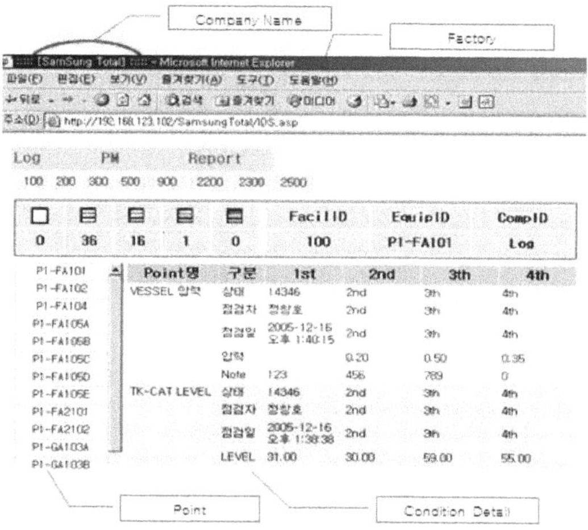

그림 5-50 S 토탈의 대시보드 화면

5.6.3 3정 5S 활동 프로세스

일본에서 나온 5S에 대한 혁신 방법론을 한 장으로 정리하였다. 이는 현장의 엔지니어가 자기 주변의 사물과 업무에 대한 관점에서 바라본 것이다. 그렇지만 여기에선 데이터 및 정보와 관련한 3정 5S 활동 프로세스를 서술해 보고자 한다.

1) 정리(Sort/Seiri)

보통 자기 컴퓨터에는 '언젠가는 사용될 것이다. 혹은 버렸다가 낭패 보면 큰 일이다.'라는 심정으로 데이터나 정보 자료를 모두가 모아놓다 보니 정작 필요한 시점에 필요한 것을 찾으려 하면 많은 고생을 하는 것이 현실이다. 불필요한 자료와 필요한 자료를 과감히 구분하고 폐기 혹은 임시 보관소에 보존해야 한다.

2) 정돈(Set in Order/Seiton)

필요한 데이터는 엔지니어가 자기 PC에 무조건 저장할 것이 아니라 엔지니어의 고객인 설비 중심으로 데이터를 정돈해야 한다. 이 경우의 3定은 다음과 같다.

1. 정위치(定位置) - 설비를 전기가 공장에 수전되는 지점부터 모터와 회전/설비를 거쳐 마지막 제품이 나가는 전 공정을 연관성에 따라 상위부터 하위까지 계층 구조(Hierachy)로 만들고 설비별, 부품별로 구획화시킨다.

2. 정품(定品) - 설비와 관련된 모든 데이터와 정보, 즉 설계도면 및 서류, 운전 변수, 정비 이력, 부품 리스트, 각종 상태 감시 데이터 등을 총괄한다.

3. 정량(定量) - 설비 운전에서 최초 설계 의도와 관련된 정보를 판단이 용이하도록 기간을 정하고 의사결정에 필요한 양만큼만 정돈토록 한다. 설비도 사람과 마찬가지로 언젠가는 폐기되므로 무병장수에 영향을 주지 않는 데이터는 불필요한 것으로 정리하여야 한다.

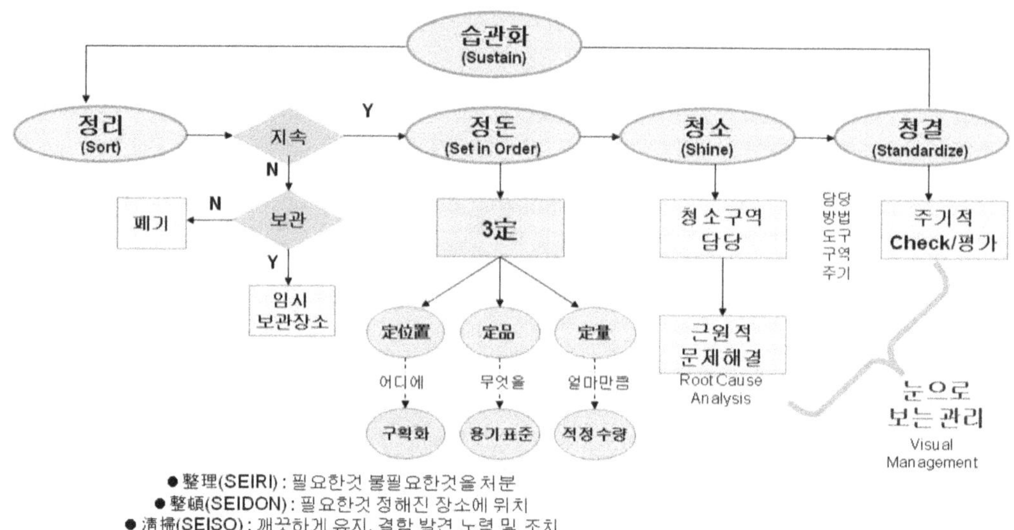

그림 5-51 눈으로 보는 관리와 3정5S 관계

3) 청소(Shine/Seiso)

실제적인 공장에서와같이 데이터를 주기적으로 청소하여 힌다. 이를 통해 문제점에 대한 근본적 분석을 하고 해결방안을 찾도록 한다. 왜냐하면, 모든 해결방안은 현장 문제 설비와 함께 있고 문제는 고장이 잦고 일찍 폐기되는 상황 즉 무병장수의 상대적 개념이기 때문이다.

4) 청결(Standardize/Seiketsu)

청결은 데이터 관리담당, 관리방법, 관리도구, 관리구역, 관리주기에 따라 주기적으로 체크리스트에 의해 평가하여야 한다. 이러한 근원적 문제 분석과 주기적 평가는 '눈으로 보는 관리'를 뜻하는 Visual Management 기법을 쓰는데 이는 '보는 것이 믿는 것이다.'라는 인간의 기본적인 성향과 믿음이라는 동기부여가 되어 움직이게 하는 동인(Driver)이 되는 것이다.

5) 습관화(Sustain/Sitsuke)

일시적인 정리, 정돈, 청소, 청결은 할 수 있지만 이를 몸으로 습득하여 자연스럽게 지속할 수 있는 것은 결국은 엔지니어의 마음가짐이다. 관리자는 엔지니어가 지속되도록 물질적, 정신적 인센티브를 주어 습관화되도록 배려하여야 한다.

5.6.4 운전자 책임(Operator Care)

기업의 생존 조건은 각 분야의 지속적 개선이다. 제조업의 핵심인 설비의 지속적 개선은 운전과 정비(O&M)에서 협업적으로 개선되지 않으면 안 되며 그 비율은 운전 대비 정비 개선 가능한 분야가 70:30 정도이며 그 상세한 내용은 다음과 같다고 세계적인 설비관리 분야의 컨설팅 회사인 GPAllied(www.gpallied.com)는 분석하고 있다.

운전 분야의 개선 기회(70%)

- 설계적으로 고유한 부분 15%
- 단순한 업무 프로세스 25%
- 신뢰성 기술 10%
- 엔지니어의 기능 20%

정비 분야의 개선 기회(30%)

- 신뢰성 기술 15%
- 상태기반 정비 프로세스 10%
- 일일 업무관리 5%

이를 분석해 보면 현장요원 등 엔지니어와 관련한 개선 기회가 25%, 프로세스에 의한 개선기회가 35%, 신뢰성 기술에 의한 개선 기회가 20%, 고유한 설계적 측면에서의 개선 기회가 15%로 구성되어 있다.

이중 가장 기본적이고도 중요한 것이 People에 의한 개선 기회이며 People 중에서도 현장 요원인 Operator에 의한 설비를 돌보는 것을 Operator Care라고 한다. 엄마가 말 못하는 갓난아기가 울 때 품에 안고 돌보면서 편하게 해주면 칭얼대지 않고 잠드는 것 같이 말 못하는 설비로 하여금 고장 없이 편안하게 만드는 일은 운전자의 최우선 과제라 하겠다.

이를 운전자의 역할과 책임(R&R: Role & Responsibility) 측면에서 운전자 책임(Operator Care)을 정리해 보면 다음과 같다.

1) 설비 건강에의 운전자의 적극 참여

운전자는 설비를 이용한 생산만 하는 것이 아니라 생산을 원활히 하도록 설비에 대한 건강상태를 살피고 관리한다.

2) 확실히 정의된 점검 개소

운전자는 설비의 각종 고상이 작은 부분에서 시작된다는 것을 명심하고 잔 고장이 발생할 수 있는 가능성이 있는 점검 개소를 확실하게 정의한다.

3) 운전자에 대한 기술지도

현장 운전자가 과도한 운전이나 잘못된 절차로 운전치 않도록 OPL(One Point Lesson)을 지속적 실시한다.

4) 닦고 조이고 기름치자

설비는 청소를 깨끗이 하면 고장 개소가 눈에 보여 즉시 개선할 수 있고, 풀려진 상태는 적극 조이며, 구동 부분이 원활히 움직이도록 윤활제를 적절히 주입한다.

5) 운전부서와 정비부서의 소통

운전과 정비부서는 서로 간 역할이 구분되어 있어 나의 업무가 아니면 개의치 않는 소통 단절의 문화가 만연하고 있으나 설비의 존재 목적인 무병장수를 통한 가치 창출을 공통으로 고민하고 설비를 고객으로 하는 의식을 공유한다.

6) 비정상 초기 감지 및 해결

모든 고장은 처음부터 큰 고장으로 발생하는 것이 아니기 때문에 작고 비정상 상태를 초기에 감지하면 쉽게 해결할 수 있다. 감기 몸살 등, 초기에 몸의 이상상태를 바로 잡으면 인간의 몸은 큰 병이 걸릴 이유가 없는 것과 마찬가지이다.

7) 측정으로 동기와 개선 유도

'측정없이 개선없다.'는 세계적 경영대가인 피터 드러커 주장과 같이 현장 엔지니어의 각종 활동, 업무 성과 등을 시간 단위로 측정하여 비교한다면 개인의 기능 계발을 위한 동기로 작용하고 개선으로 유도해 낼 수 있다. 자기 업무와 관련한 전문 자격증 제도를 도입하여 취득을 장려하는 것도 앞으로 정년이 지나 은퇴 후 각자의 전문성을 살릴 수 있는 동기로 작용될 것이다.

8) 비정상 탐지에 점검활동의 중점

점검의 중요성은 아무리 강조해도 지나치지 않는다. 비정상적 고장 전조를 발견해 내는데 점검이 갖는 역할과 중요성을 인식하고 업무를 조율한다.

9) 운전과 정비요원에 의한 통합 점검

한 설비를 서로 다른 각도에서 바라보는 운전(설비 활용의 극대화)과 정비(설비고장 시 즉각적인 원래 상태 회복)부서 엔지니어들로 하여금 두 상충되는 목적을 최적화 할 수 있는 수단으로서 점검을 통합 운영한다.

5.6.5 체크리스트

하버드 의대 교수이며 뉴욕타임스 객원논객인 아툴 가완디는 '체크! 체크리스트(Checklist Manifesto)'라는 저서에서 "체크리스트는 불완전한 인간을 위한 최고의 선택이다."라고 결론지었다.

인간과 설비의 목적이 무병장수라는 측면에서 같다는 관점에서 외과의로 유명한 그가 수술에서 일어날 수 있는 많은 실패 사례를 방지하는 도구로서 체크리스트를 강조하고 있다. 인간이 세상에 나와서 하는 일에 대부분 실패하는 이유는 '필연적 오류', 즉 우리가 하고자 하는 일이 우리의 능력을 초월하기 때문이다. 아무리 첨단 기술이 발달해도 인간의 육체적, 정신적 능력에는 한계가 있고 우리가 이해하고 통제 가능한 세계와 우주는 현재는 물론 미래에도 일부에 지나지 않기 때문이다.

그러나 통제 가능하다고 하는 실질적인 영역에서조차 인간은 많은 실수를 한다. 그 이유는 무지와 무능인데 무지는 온갖 세상이 어떻게 움직이는지에 대한 인간의 과학적 상식이 한정되어 있어 필연적으로 실수하는 것이며, 무능은 필요한 지식은 있지만 그것을 현실에 적용하지 못해 실패하는 것이다. 관리 잘못으로 폭발한 석유 시추선, 기상학자가 징후를 보지 못한 대형 쓰나미가 실제 사례가 된다. 역사적으로 인간의 삶은 무지에 의해 좌우되었다. 대표적인 사례가 질병으로 병의 원인이 되는 바이러스의 존재가 발견되기 까지는 질병의 원인이나 치료법에 대해 아는 것이 없어 단명할 수밖에 없었다. 그렇지만 불과 최근 백여 년간 과학기술이 급속도로 발전에 따른 지식의 양이 많아 지면서 무지보다는 무능이 더 큰 문제로 부각되는 시대가 왔다.

설비관리의 분야도 마찬가지이다. 이 분야가 처한 대개의 문제는 무능 혹은 '유능'이다. 엔지니어들의 지식이 일관되고 정확하게 제조업의 현실에 적용할 수 있는가의 문제이다. 경험의 중요성은 아무리 강조해도 지나치지 않는다. 교과서적인 지식만을 가지고 무병장수한 설비를 만든다는 것은 힘들다. 그래서 엔지니어들은 많은 교육 훈련을 통해 자기 분야의 최고 유능한 전문가로 양성되지만 각자의 놀라운 유능한 지식과 경험에도 실수가 끊이지 않는다. 단 한 번의 실수가 설비의 대형 참사로 말미암아 지구 전체의 환경과 안전에 큰 영향을 끼치고 있다. 유능한 엔지니어이든, 평범한 엔지니어이든 실수를 줄이는 전략이 바로 체크리스트의 활용이다. 이는 외과의인 아툴 가완디가 많은 수술에서의 실수를 줄이는 실제 경험에서 나온 것이고 이를 설비관리에 적용한 많은 선진 사례가 있다.

엔지니어들은 보잘 것 없는 종이 한 장이지만 설비의 운전과 상태를 파악하는 체크리스트를 매일 혹은 매시간 단위로 체크하여 안정적인 운전에 반영하고 있다. 그렇지만 과연 그것이 실제로 행해지는지에 대한 것은 의문이 있다. 말 못하는 기계에 대해 애정을 가지고 상태를 파악하는 것은 말 못하는 갓난아기에 대해 건강 상태를 파악하는 것과 같다.

현대 의학이 거둔 눈부신 성공 뒤에는 무수한 실수와 실패가 있었다. 매우 급한 상황에서 의사의 전문 지식이 충분치 않을 경우 초전문가까지도 실패할 경우에 대한 해답을 전혀 예상치 못한 분야인, 의학과는 아무 상관 없는 곳에서 찾았다. 그것은 1935년 보잉의 '하늘의 요새'라는 폭격기 B-17의 시험 비행 중 추락을 계기로 만들어진 조종사를 위한 체크리스트가 그것이다. 이를 바탕으로 1960년대 들어 간호사들에 의해 병원에서 환자에 대한 생리적 데이터를 체온, 맥박, 혈압, 호흡수 등 정량적 지표인 4개를 기본으로 환자의 정성적인 통증 상태를 1~10단계로 정량화 하여 기록하는 5개의 바이탈 사인(Vital Sign)을 만든 것이 임상혁명이 되었다.

5개의 체크리스트는 우리가 소유하는 자동차 점검에 대해서도 마찬가지이다. 일일점검, 주간점검, 월간점검에 대해 과연 제대로 하고 있는가는 의문의 여지가 있다. 점검의 중요성을 느끼지 못하고 그대로 운행하다가 브레이크 파열 등 문제로 인해 대형 교통사고의 경험이 많다는 것을 익히 알고 있다. 그렇지만 중요성을 알아도 행하지 않는데서 근본적인 문제가 있는 것이다. 체크리스트를 사용하면 실수를 줄일 수 있다는 것은 어찌 보면 터무니없을 정도로 단순하며 누구나 할 수 있는 생각이다. 그러나 체크리스트의 놀라운 효과에도 그 아이디어를 받아들이려 하지 않고 있는 것이 현실이다. 시간에 쫓기는 심각한 상황에서 서류 한 장을 주기적으로 더 채우는 것은 귀찮고 번거로운 일이기 때문이다.

이러한 상황에서 귀찮은 일을 가능하면 쉽고 편하도록 하는 방법이 IT발전과 더불어 채택되었다. 1990년 중반 설비관리에 처음 도입된, 그 당시에는 획기적 대안으로서의 PDA (Personal Digital Assistant)는 휴대형 PC로서 현장 경험이 없는 엔지니어라 할지라도 체크리스트에 의한 현장 점검을 통해 설비상태를 누구나 공유할 수 있는 진전이 있었다.

지금은 PDA와 휴대전화가 합쳐진 상태에서 엔지니어가 자기의 스마트폰으로 설비상태를 입력과 동시에 데이터베이스화 되는 상태로 더욱 발전하였다. 종이에 적어와 엑셀 시트로 정리하고 상사에게 결재를 받고 캐비닛에 들어가는 구태의연한 점검 상태를 벗어나 진정으로 소통하는 시대에 사는 것이다. 체크리스트로 점검하면 무엇이 좋아질까? 바로 설비고장을 80~95% 미리 방지할 수 있다는 것이 국내외 실증사례가 이를 증명하고 있다. 설비의 존재 목적이 무병장수라면 체크리스트 활성화가 최우선 실행과제가 되어야 한다.

복잡성 과학을 연구한 요크대학의 브렌다 짐머만 교수와 토론토대학의 솔롬 글로버맨 교수는 세상의 존재하는 수많은 문제를 세 가지로 분류하였다.

1. 간단한 문제 - 혼합가루로 케이크를 굽는 것으로 요리법을 익히면 가능하다.

2. 복잡한 문제 - 달에 로켓을 보내는 것으로 수많은 사람과 전문 지식과 기술이 필요하다. 예상치 못한 문제는 참여자의 협력과 조정 그리고 타이밍으로 해결 가능하다.

3. 복합적 문제 - 아이를 기르는 것과 같이 첫 아이를 잘 키운 경험이 있다고 둘째 아이도 성공적으로 키운다는 보장은 없기 때문이며 결과를 예측할 수가 없다는 점이 특징이다.

체크리스트는 이 세 가지 문제 모두를 해결해 줄 수 있다. 전문가들은 자신의 개인적인 능력에만 의존해서 일하는 것이 옳지 않음을 잘 알고 있다. 그들은 일련의 체크리스트에 의해 단순한 절차들을 간과하거나 생략지 않도록 확인하고, 또 다른 체크리스트를 이용해 모두 충분히 대화할 수 있도록 해서 예상치 못한 문제에 대비할 수 있도록 한다.

모든 일에서 심각한 실수를 일으키는 가장 큰 원인이 바로 '의사소통'의 실패이다. 이러한 실패를 줄여줄 수 있는 즉 의사소통을 잘 되게 하는 화두가 '스마트'이고 설비 중심으로 모든 데이터를 모아 이해 관계자 모두가 원활한 의사소통할 수 있는 도구가 Smartware이다.

Web 1.0의 시대를 넘어 Web 2.0의 시대에 왔다고 한다. 2.0의 시대는 소통의 시대이다. 스마트폰은 소통을 이루는 작은 도구일 뿐이다. 복잡한 문제를 해결하는 전문가의 일방적인 해결 방안 제시의 Solution 1.0의 시대에서 모두가 참여하고 의견을 제시해 문제를 풀어가는 집단 지성의 형태인 의사소통을 전제로 한 Solution 2.0시대에 인류는 들어와 있다.

단순하면서도 효과적인 체크리스트를 만들자. 초보자도 설비관리를 할 수 있도록 쉽게 만들어야 한다. 나쁜 체크리스트는 내용이 모호하고 너무 길며, 쓰기 어렵고 비실용적이다. 이는 현장을 모르는 사람들이 만든다. 반대로 하면 좋은 체크리스트를 만들 수 있다. 현장을 잘 아는 엔지니어가 설비의 고장과 관련한 내용을 명료하고 짧게 만들어 내고 심각한 상황에서도 쉽게 쓸 수 있도록 해야 하며 가능한 한 정량화 하게 해야 한다.

체크리스트는 대형 건물을 짓든, 위기 상황에서 추락하는 비행기를 구조하든, 포괄적 방법론을 다루는 안내서가 아니다. 체크리스트는 숙련된 전문가들의 기술력을 뒷받침해주는 것을 목표로 하는 신속하고 간단한 도구이다. 체크리스트 목표의 핵심은 팀워크와 규율이라는 문화를 받아들이는 것이다.

모든 직업에는 직업의식에 대한 정의, 즉 세 가지의 기본적인 행동강령이 있다. 이타적이어야 하며, 뛰어난 기술을 가져야 하며, 신뢰할 수 있어야 한다.

현대의 복합적 문제가 얽혀있는 사회에서는 네 번째로 규율을 추가해 정해진 절차를 따르고 다른 사람과 협력할 수 있는 규율을 지켜야 하는데 협력의 전제 조건이 소통이다.

<table>
<tr><th colspan="2">체크리스트를 위한 체크리스트</th></tr>
<tr><td>체크리스트 만들기</td><td>□ 체크리스트를 만드는 명확하고 간결한 목표가 있습니까?
체크리스트 항목들
□ 꼭 필요한 안전 조치고 빠뜨릴 위험이 큽니까?
□ 다른 절차로는 제대로 확인할 수 없습니까?
□ 실행할 수 있으며, 구체적인 대응방안도 갖춰져 있습니까?
□ 구두로 확인할 수 있게 소리 내서 읽을 수 있습니까?
□ 체크리스트를 사용해서 영향을 미칠 수 있습니까?
생각해보기
□ 팀원들 간 의사소통이 원활해지도록 추가할 항목이 있습니까?
□ 체크리스트 만드는 과정에 팀원들이 모두 참여하는 방안을 생각해 봤습니까?</td></tr>
<tr><td>체크리스트 초안 작업</td><td>필수 조건
□ 일하다가 생기는 휴식 시간(정지 지점)을 이용합니까?
□ 단어가 쉽고 문장 구조가 간단합니까?
□ 목표를 반영하는 제목이 있습니까?
□ 형식이 간결하고 깔끔하며 논리적입니까?
□ 한 페이지에 다 들어갑니까?
□ 최소한의 색깔만 사용했습니까?
글자 모양
□ 고딕체입니까?
□ 쉽게 읽을 수 있을 만큼 글자 크기가 큽니까?
□ 밝은 바탕에 검은색 글자를 사용했습니까?
□ 각 정지 지점 사이에 열 개 미만의 항목이 있습니까?
□ 체크리스트 제작 또는 개정 날짜가 표시되어 있습니까?</td></tr>
<tr><td>체크리스트 확인하기</td><td>수정하기
□ 현장에서 근무하는 사람들이 실제로든 연습으로든 체크리스트를 사용해 봤습니까?
□ 체크리스트를 여러 번 시도해 보고 그 결과에 따라 내용을 수정했습니까?
보완하기
□ 작업 흐름과 맞습니까?
□ 너무 늦기 전에 실수를 발견할 수 있습니까?
□ 비교적 짧은 시간에 체크리스트를 확인할 수 있습니까?
□ 향 후, 체크리스트를 검토하고 수정할 계획을 세운 적이 있습니까?</td></tr>
</table>

(출처: Gawande.com)

맺음말

만사(萬事)는 인사(人事)이다. 결국은 사람 문제이다. 설비관리와 관련된 여러 가지 낭비부분을 낭비로 느끼지 못하고 그냥 지나치는 것은 관련된 기술적 지식과 인적 네트워크가 부족하여 낭비가 당연하다는 인식에서 더 이상 어쩔 수 없지 않느냐에 대한 자포자기성 변명일 수 있다.

신야 히로미 박사처럼 19세에 감기 한 번 앓고 난 이후 평생 병이 없었으며 자기 손으로 환자에 대한 사망진단서를 한 번도 발행치 않았다는 현실은 그가 주치의로 건강 관리한 세계 유명 인사들이 아프지 않고 살아남아서 이 세상에 많은 가치 창출을 가져올 수 있는 기본이었다. 아무리 세상에 유익한 일이라도 사람이 이 세상에 살아남지 않고 이루어지지는 않기 때문이다.

설비관리의 무병장수는 복잡성의 분야이다. 사람과 설비가 뒤엉켜 있고 사람 사이(人間)의 문제도 서로 간 무슨 생각을 하는 지 불확실한데 각종 수백만 분야의 요소 기술이 합쳐진 설비의 문제까지 다루어야 하는 것은 난공불락의 요새를 공격하는 것으로 느껴질 수 도 있다. 만법귀일(萬法歸一)을 확실히 믿는다면 신야 히로미 박사가 살린 환자처럼 복잡성의 분야인 제조업 설비의 무병장수를 이룰 수 있다. 많은 선진 사례가 이를 증명한다.

세계적인 복사기 업체인 제룩스에 복사기 판매원으로 입사해 쓰러져 가는 제룩스를 다시 살려낸 현재 가장 영향력 있는 여성 경영인 중의 한 명인 앤 멀케이(Anne Mulcahy)회장의 아래 글이 설비관리에 큰 도움이 될 것이다.

모든 일이 너무 복잡하게 얽히고 도저히 어떻게 해야 할지 모를 때는 다음과 같은 세 단계로 일을 처리해 보라.

첫째, 도랑에 빠진 젖소를 끌어낸다.

둘째, 젖소가 어쩌다가 도랑에 빠지게 되었는지 알아낸다.

셋째, 젖소가 그 도랑에 다시는 빠지는 일이 없도록 필요한 모든 조치를 한다.

이를 설비관리와 관련하여 萬法歸一 측면에서 부처님의 해탈 후 첫 법문인 四聖諦의 苦集滅道로 설명하면

첫째, 설비와 관련한 리스크, 비용, 품질, 생산성이 얽혀있는 복잡한 현실을 직시하고 제조업 생존 전략으로 삼는다.(1장, 2장-苦, 4장-滅)

둘째, 복잡한 문제 투성이의 중간 원인이 아닌 근본 원인을 찾는다(3장-集)

셋째, 가치창출을 위해 해결을 위한 재발 방지 대책을 취한다(5장-道)

핵심은 5장의 3P(Process, People, Platform-Technology)에 있다. 그 중에서도 핵심은 설비와 관련한 사람이다. 10년 앞을 내다보고 설비관리자(People)들이 신명나게 일할 수 있는 판(Platform)을 최고경영자들이 만들어 준다면, 뒷바퀴 자전거를 발로 끊임없이 움직여서 쓰러지지 않고 앞으로 나아가야 하는 프로세스(Process) 혁신은 저절로 되리라 확신한다.

고부가가치화 제조업이 중심되어 발전하는 한국의 미래 전략에 설비관리자들이 큰 역할을 하여 실질 1인당 국민 소득 1000불 증대(년 50조원의 부가가치 창출)의 주역으로 자리매김하기를 간절히 기원한다.

무병장수를 통한 가치혁신 방법론
Smart Factory

2011년 7월 20일 초판 인쇄
2017년 1월 25일 2 쇄 발행

저 자 정구철
발 행 인 송기수
발 행 처 도서출판 GS인터비전
편 집 처 도서출판 GS인터비전
인 쇄 처 GS인터비전
등록번호 제 313-2011-120호
I S B N 978-89-93668-94-0(12300)

주 소 서울 은평구 증산로15길 69 2층 GS인터비전
전 화 02-976-7898
팩 스 02-6468-7898
홈페이지 gsintervision.co.kr
E-Mail gsinter7@gmail.com

정 가 20,000원